JN438954

자율주행 자동차와 인공지능에 대한 다각도 접근

목　　차

제 1장. 서론 ······ 1

제 2장. 자율주행 자동차란 무엇인가 ······ 4
Ⅰ. 자율주행 자동차의 개념 ······ 5
Ⅱ. 자율주행 자동차의 핵심기술 ······ 7
1. 자율주행 자동차 핵심 역량 ······ 7
2. 자율주행 시스템 구성 ······ 7
3. 자율주행차 시스템 핵심기술 ······ 9

제 3장. 자율주행차와 인공지능: 기술적 접근 ······ 10
Ⅰ. 인공지능에 대한 개요 ······ 11
1. 인공지능의 중요성 ······ 12
2. 자동차용 인공지능 모듈 및 시스템의 정의 ······ 13
3. 인공지능 시스템의 구성 ······ 14
Ⅱ. 자율주행을 위한 인공지능 기술 ······ 16
1. 인공지능 기술의 발달과 전장부품 ······ 16
2. 머신러닝(기계학습)과 딥러닝 ······ 18
3. 자율주행을 위한 인공지능 기술 ······ 23
4. 자율주행 자동차의 인공지능 응용 ······ 28
Ⅲ. 자율주행(인공지능)기술의 동향 및 전망 ······ 33
1. 산업 전반 개요 ······ 33
2. 자율 주행차 산업 현황 ······ 35
3. 시장 경쟁 상황 ······ 52
4. 시장 전망 및 예측 ······ 55

제 4장. 자율주행차와 인공지능: 사회적 접근 ······ 61
Ⅰ. 자율주행시대 상용화를 위한 준비 ······ 62
1. 주요 국가별 정책 현황 및 동향 ······ 63
2. 법·제도 ······ 74
3. 상용화 지원 방안 ······ 80
4. 조기상용화를 위한 개선과제 ······ 86
Ⅱ. 자율주행자동차가 가져온 미래 사회의 변화 ······ 89
1. 사회의 변화 ······ 89
2. 산업의 변화 ······ 92
3. 직업의 변화 ······ 97

Ⅲ. 자율주행차가 넘어야 할 문제 ······ 100
1. 기술적 한계와 보안성 취약 문제 ······ 100
2. 사고에 대한 책임과 윤리적 문제 ······ 102
3. 일자리 감소와 역차별 ······ 107
4. 악천후 및 가혹한 환경 ······ 108
5. 고비용과 경제성 ······ 108
6. 인프라와 기술 격차 ······ 109
7. 소비자 신뢰와 사회적 수용성 ······ 109
제 5장. 자율주행차와 인공지능: 경제적 접근 ······ 110
Ⅰ. 자율주행차와 인공지능 투자전략 ······ 111
Ⅱ. 자율주행차 관련 특허 ······ 114
1. ICT분야에서 특허와 표준의 중요성 ······ 115
2. 자율주행차 관련 특허 동향 ······ 116
3. 자율주행차 관련 특허가 주는 시사점 ······ 126
Ⅲ. 자율주행차에 대한 소비자의 선호도 ······ 128

제 6장. 결론 ······ 131

제 1장. 서론

자율주행 자동차와 인공지능 기술의 결합은 현대 자동차 산업의 가장 주목받는 혁신 중 하나다. 운전자의 개입 없이 차량 스스로 주변을 인식하고 판단하여 주행하는 자율주행차는 오래전부터 꿈꾸어져 왔으며, 최근 AI 기술의 발전에 힘입어 현실에 가까워지고 있다. 인공지능의 강력한 데이터 처리 능력과 학습 알고리즘은 차량이 복잡한 교통 상황을 이해하고 의사결정 하도록 돕고 있다. 이를 통해 교통사고 감소, 이동성 향상, 교통 체증 완화 등 사회적·경제적 이득을 기대할 수 있다.

하지만 자율주행차의 보급과 상용화에는 기술적인 난관뿐만 아니라 제도적 준비와 사회적 수용 등 다양한 과제가 놓여 있다. 초기의 과도한 낙관론은 점차 현실적인 시각으로 바뀌고 있으며, 완전한 자율주행을 이루기 위해서는 센서부터 알고리즘, 인프라, 법제도에 이르는 총체적 발전이 필요하다.

자율주행차량은 자체적으로 도로 상황을 인지하고 스스로 판단해 결정을 내리며 사용자를 위해 제안을 하기도 한다. 이와 관련한 기술들은 혁신에 혁신을 거듭하고 있으며 업계와 산업 전반에 변화를 이끌어 내고 있다. 자동차 산업은 대규모 R&D 투자, 기술 기업들과의 파트너십 구축, AI 스타트업 인수 등을 통해 혁신적인 AI 시스템을 구축하고 있다. 인공지능이 자동차와 결합하면서, 자동차 산업은 또 다른 길에 들어서고 있다.

인공지능은 1940년대 후반에 수학과 과학, 공학, 철학 등 다양한 영역의 과학자들이 인공적인 두뇌의 가능성을 논의하기 시작하면서 시작되었다. 특히 1956년~1974년은 인공지능 연구의 황금기로 연구 진행이 활발했다. 그러나 1975년~1980년에 인공지능 연구의 1차 암흑기가 찾아온다. 바로 컴퓨터 성능의 한계 때문이었다. 1980년대에는 신경망 이론의 부활로 인공지능 알고리즘을 기반으로 하는 검색 알고리즘을 적용할 수 있게 되었다. 이런 기술의 발전에도 불구하고 1993년에는 컴퓨터의 성능은 발전했으나 시스템의 한계로 인해 2차 암흑기가 찾아온다.

그리고 시간이 흘러 1990년대에 빅 데이터와 머신러닝 분야의 발전이, 현재의 4차 산업혁명을 이끌고 있다. 4차 산업혁명의 중심은 인공지능이 예상되며 아마도 4년~5년 후면 인공지능의 황금기가 다시 올 것으로 예측된다. 특히 인공지능의 다양한 분야 중 주목받는 분야인 자율주행자동차가 미래 자동차 시장을 선도할 것이다.

자동차는 우리 실생활에서 아주 가까운 기계제품이다. 따라서 운전을 하는 많은 사람들은 피곤과 귀찮음을 느끼고 신경소모를 많이 하게 되는데, 이를 인공지능이 대신 해준다면 얻을 이점이 굉장히 많다. 인공지능이 운전해주는 차를 타면서 출퇴근을 할 수 있게 되며 인공지능 자율주행차량을 이용하는 탑승자들은 하루 평균 50분~60분의 여유시간을 얻게 될 것이다. 이 여유 시간에는 다양한 여가활동, SNS활동 문화 콘텐츠 활동이 가능해지고, 이 활동은 부가가치를 더 생성할 것이며 경제를 더 원활하게 만들 것이다.

미래엔 자동차도 공유도 가능하게 된다. 이는 주차난, 출퇴근길 등 교통문제들이 더 원만하게 해결될 수 있고, 환경문제에도 좋은 영향을 끼치게 될 것이며, 새로운 직업들이 나타날 것이다. 또한, 자동차 보험의 패러다임도 바뀔 것이고 새로운 업종의 회사들도 많이 창업될 것이다. 자율주행의 인공지능은 사회적으로나 경제적으로나 우리에게 엄청난 이익을 안겨준다. 따라서 시간이 흐를수록 인공지능 기술을 탑재한 차량의 생산량은 점점 더 늘어날 것으로 전망된다.

하지만 일부 부작용도 예상되는 바이다. 포드 자동차의 빌 포드 사장은 인공지능 개발에는 윤리학자도 참여해야 한다고 주장했다. 이 주장에 따르면 인공지능에 대한 윤리와 도덕적인 부분은 큰 이슈가 될 것으로 판단된다. 만약 인공지능이 도덕적인 판단이 가능하게 된다면 인공지능도 사람처럼 인격이나 자아가 생기지 않을까? 라는 흥미로운 생각도 하게 된다.

그리하여 본서에서는 자율주행 자동차와 인공지능의 개념과 기술을 살펴보고, 최신 동향과 미래 전망을 분석한다. 더불어 자율주행 시대를 맞이하기 위한 사회적 준비와 미래 사회의 변화, 그리고 남은 과제들을 검토한다. 끝으로 기술 발전에 따른 경제적 측면에서의 투자 전략, 특허 동향, 소비자 인식까지 살펴봄으로써 자율주행차와 AI가 가져올 종합적인 변화를 조망한다.

제 2장. 자율주행 자동차란 무엇인가

Ⅰ. 자율주행 자동차의 개념

자율주행 자동차는 운전자 또는 승객의 조작 없이 차량 스스로 주행 환경을 인식하고 주행을 제어하여 목적지까지 이동할 수 있는 자동차를 말한다. 다시 말해, 카메라와 센서로 주변을 감지하고, 인공지능 알고리즘으로 상황을 판단하며, 차량 제어 장치를 통해 조향·가속·제동을 자동으로 수행함으로써 운전자의 개입 없이 주행하는 차량이다. 이러한 자율주행차는 자동운전차, 무인자동차 등으로 불리기도 하며, 영어로는 AV(Autonomous Vehicle) 또는 Self-Driving Car라고 한다.

자동차용 인공지능(AI, Artificial Intelligence) 시스템은 라이다(Lidar) 센서, 레이더, 초음파 센서(Sensor), 적외선 카메라, 모노/스테레오 카메라 등을 자동차 내외부에 설치하고 이러한 센서 등을 통해 외부 정보를 수집하여 분석한 후 자동차 스스로 주변 환경을 인식하여 위험한 상황을 판단하고 주행경로를 계획하는 등 운전자의 주행조작을 최소화하며, 스스로 안전한 주행이 가능하도록 해주는 시스템이다.

자율주행에도 단계(Level)가 있다. 자동차의 자율성 정도에 따라 구분되었다고 간단히 설명할 수 있다. 자율주행기술에 단계를 부여한 건 국제자동차기술자협회(SAE)다. 6단계(0~5)를 기준으로 자율주행 기술을 분류했으며, 세계적으로 이 기준을 따르고 있다.[1)]

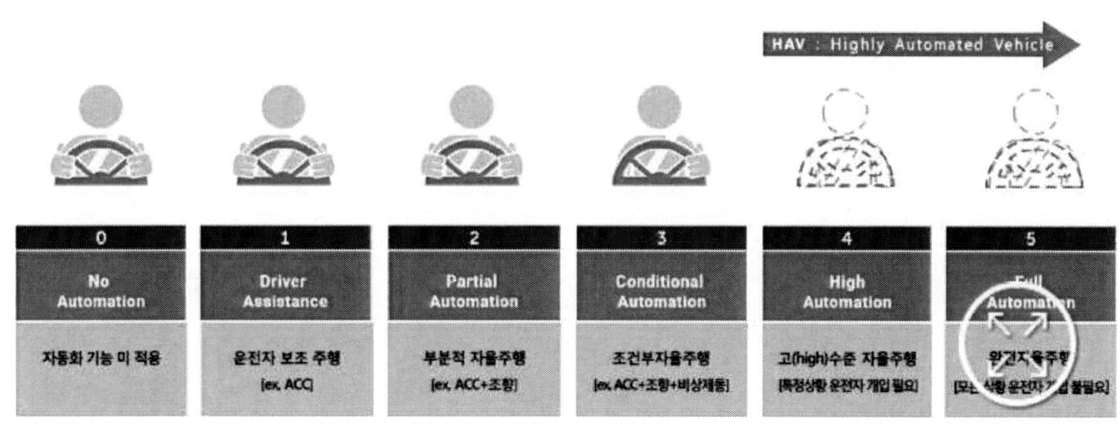

미국자동차공학회(SAE)에 따른 자동화 단계 분류, 자료원: SAE

- Level 0. 비자동화 = 운전자가 직접 모든 안전을 확인하고 조작해야 한다. 즉, 어떠한 자율주행 장비도 부착되지 않은 단계로, 현재 대부분의 차들이 해당된다.

- Level 1. 운전자보조 = 차선이탈경보장치, 전방충돌경고장치 등 ADAS(첨단운전자보조시스템)가 여기에 해당한다. 사고 예방을 위해 경보하는 것으로, 위급상황 시 경보

1) 자율주행에도 단계가 있다고? 상용차신문. 2018.09.20

를 울리지만 최종적으로 자동차를 제어하는 것은 운전자다. 빠르면 2019년부터 국내에 대부분의 화물차가 1단계에 속할 전망이다. 길이 9m 이상 승합차와 차량총중량 20톤 초과 화물·특수차에 ADAS 장착이 2019년부터 의무화된다.

- Level 2. 부분자동화 = 자동차 스스로 속도와 방향을 제어한다. 앞차와의 간격을 유지하기 위해 속도를 조절하거나, 차선에 맞춰 차량 스스로 조향을 지원한다. 하지만 도로환경은 운전자가 직접 확인해야 하기 때문에 안전 책임 또한 운전자의 몫이다. 현재 2단계는 상용차업체에서 옵션사항 등으로 제공하고 있는 기술로 유로5 모델부터 상용화에 들어선 기술이다.

- Level 3. 조건부자동화 = 시스템이 모든 주행을 제어하지만, 운전자가 주행에 개입할 때는 보조하는 역할로 변한다. 운전자가 직접 주행이 가능한 만큼, 책임 또한 운전자가 지게 된다. 현대차를 비롯 다임러트럭, 볼보트럭, 스카니아 등 대부분이 유럽 상용차업체들이 유로6 모델로 3단계 기준을 만족했다.

- Level 4. 고도자동화 = 운전자는 탑승하지만, 차량 스스로 주변 환경 모니터링이 가능한 상태서 주행이 가능한 단계다. 물리적으로 제어 가능한 대부분 비상상황에 대처할 수 있다. 이 단계부터 운전자와 기계 간 안전 책임의 논란이 가중되고 있다. 유럽 상용차업체 위주로 현재 프로토타입 모델을 선보이고 있으며, 2020년 중반까지 기술 확보를 목표하고 있다.

- Level 5. 완전자동화 = 조금 먼 이야기일 수 있다. 사람이 차량에 탑승하지 않은 상태서 차량 스스로 주행하는 단계를 말한다. 모든 도로조건과 환경 속에서 차량 스스로 제어하는 궁극의 자율주행 단계다.

현재 시점에서 자율주행차 기술은 대부분 레벨 2 혹은 2+ 수준에 머물러 있다. 일부 자동차 제조사는 레벨 3 자율주행 기능을 제한된 조건에서 상용화하기 시작했고, 완전 무인 주행을 목표로 한 레벨 4 차량이 특정 도시나 시험 운행 구역에서 점차 모습을 보이고 있다. 레벨 5에 해당하는 자율주행차는 아직 연구 단계이며, 기술적·제도적 장벽으로 인해 실생활에 등장하기까지 상당한 시간이 필요할 것으로 전망된다. 요약하면, 자율주행 자동차란 운전자의 역할을 기술 시스템이 대신함으로써 교통체계의 패러다임 변화를 이끌 차량을 의미하며, 우리는 이를 단계적 발전 과정을 통해 점진적으로 현실화하고 있는 것이다.

Ⅱ. 자율주행 자동차의 핵심기술

1. 자율주행 자동차 핵심 역량

자동차 기술 컨설팅업체 'Roland Berger'에 따르면 자율주행차를 가능하게 할 핵심 역량(Critical Capabilities to Enable Autonomous Driving)으로 1) 차량의 위치 및 주행 환경 인식 능력, 2) 예측 및 판단 알고리즘, 3) 고정밀, 실시간 지도 기술, 4) 자동차 주행 인터페이스를 지목하고 있다. 차량의 위치 및 주행 환경 인식 능력은 인공지능을 활용한 3D 이미지 프로세싱과 그래픽 처리 능력을 의미한다. 예측 및 판단 알고리즘 또한 인공지능을 활용한 네트워크 구축을 통해 '딥러닝(Deep Learning)'을 활용해 구현 가능하다고 밝히고 있다. 차량의 주행 인터페이스의 경우 운전자의 입장에서 편의성이 높은 제어가 가능할 수 있어야 한다.

자율주행 자동차 양산을 위한 핵심 역량

구분	내용
1.차량 위치 및 환경	- 3D 이미지 프로세싱, 인공 뉴럴 네트워크 (Artificial Neural Network) - 멀티프로세서 그래픽 하드웨어 (GPUs) - 예) 의료기술, 비디오 게임 기술 등
2.예측 및 의사결정 알고리즘	- 인공 뉴럴 네트워크 (ANN): 딥 러닝, 머신러닝 - 멀티프로세서 하드웨어 - 비 통계적 검증 - 가상시뮬레이션을 통한 하드웨어 검증 - 예) 이미지, 패턴 인식, 자동 번역, 음성 인식 기술
3.고정밀 리얼타임 맵핑 시스템	- 주변 환경, 공간 모델링 - 동시 위치기반 맵핑 시스템 (Simultaneous Localization and Mapping) - 예) 위치기반 서비스 기술
4.차량주행 인터페이스	- 편의성 / 부드러운 주행감 - 예) 고성능 검색엔진, 전자장치

(출처 : Roland Berger, 유진투자증권)

2. 자율주행 시스템 구성

자율주행 자동차의 시스템 구성은 이러한 핵심 역량을 가능하도록 하는 기술의 중요성이 부각될 것으로 판단된다. 이는, 자율주행 자동차 정의에서 밝힌 인식, 판단, 제어와 매우 관련성이 깊다.

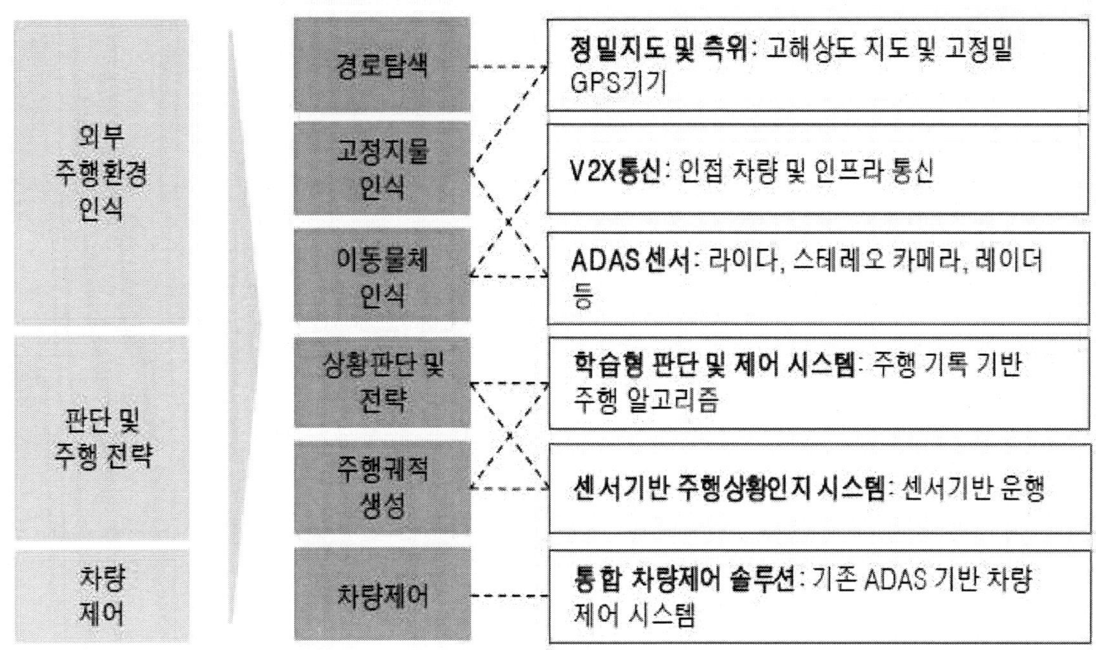

자율주행차 시스템의 구성

우선적으로. 외부 주행환경 인식에 있어서는 경로 탐색을 위한 정밀지도와 정밀 GPS, 고정지물 인식을 위한 V2X 통신 인프라, 변동지물 인식을 위한 ADAS의 중요성이 확대될 것이다. 둘째, 판단 및 주행 전략에 있어서는 상황 판단 및 전략 수립을 위한 학습형 판단 및 제어시스템을 구현 가능하게 할 주행 알고리즘, 주행 궤적 생성을 위한 센서 기반의 주행상황 인지시스템의 중요성이 확대될 것이다. 셋째, 차량 제어에 있어서는 조향과 가속, 감속을 가능하게 할 토탈 솔루션시스템이 필요하다. 이는 기존ADAS 기반의 차량 제어시스템을 활용해 제어가 가능할 것으로 판단된다.

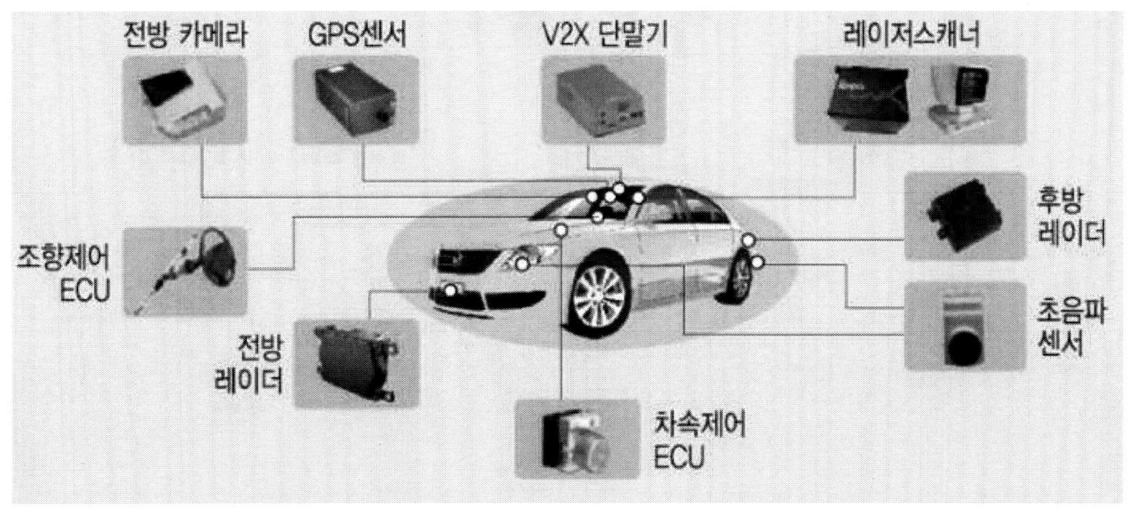

그림으로 보는 자유주행차 시스템의 구성, 출처:ipnomics

공통적으로 기존에 개발된 ADAS 툴이 보다 정교해지고 침투율이 높아질수록 자율주행의 가능성이 높아질 수 있다. ADAS의 정확성을 높이기 위해서는 센서 기술의 확보가 매우 중요할 것이다. Lidar, Radar, Stereo Camera 등 센서 기술의 경제성과 정밀성에 대한 기술 확보가 핵심이 될 것이다[2].

3. 자율주행차 시스템 핵심기술

앞서 살펴본 크게 3가지로 나누어지는 자율주행 자동차 시스템의 구성에 따라 세부적으로 시스템 별 핵심기술을 살펴볼 것이다.

먼저, 주행상황 인식·인지 분야에서는 무인자동차 시스템 및 환경인식, 위치인식 및 맵핑, 운전자/차량 간 인터랙션 등의 관련기술이 포함된다. 무인자동차 시스템 및 환경인식 관련 기술은 레이다(Radar), 라이다(Lidar), 카메라 등의 센서를 사용하여 정적장애물, 동적장애물, 도로표지, 신호등 등을 인식한다. 이는 구동장치인 가속기, 감속기 및 조향장치 등을 무인화 운행에 맞도록 구행하며, SW 및 HW를 이용하여 제어가 가능하도록 한다.

위치인식 및 맵핑 관련 기술에는 GPS 등 맵핑을 위한 센서를 사용하여 자동차의 절대/상대 위치를 실시간을 추적 가능하다. 운전자/차량간 인터렉션 관련 기술은 운전자에게 경고 및 정보를 제공하고, 운전자로 부터명령입력을 가능하게 하는 HVI(Human Vehicle Interface) 기술과 인프라 및 주변차량과 주행정보를 상호 교환 할 수 있는 V2X 통신이 있다.

다음은 판단 및 주행전략 분야이다. 이 분야에는 판단 및 운행관련 알고리즘 기술이 포함되는데, 목적지까지의 경로계획 및 운행과 장애물 회피 경로 계획 및 운행을 가능하게 한다. 또한, 상황별 행동 판단 (차선유지, 차선변경, 갓길정차, 주차 등)이 가능하다,

마지막으로 차량 제어 분야에는 지능제어 관련 기술이 있다. 이 기술은 조향, 가감속 기어 등 액츄에이터 제어가 가능하고 신경회로망 같은 방식을 이용하여 실시간으로 제어명령을 내릴 수 있게 한다. 그 외에도 시스템의 고장 시 오퍼레이터에 적절한 정보를 제공하거나 정보를 알리는 기능을 수행하는 운행감시 고장진단 시스템도 있다.

---

2) (출처 : Deloitte, 유진투자증권)

제 3장. 자율주행차와 인공지능: 기술적 접근

Ⅰ. 인공지능에 대한 개요

인공지능(AI)은 인간의 지능이 수행하는 학습, 추론, 문제 해결을 컴퓨터 시스템이 모방하도록 하는 기술 분야다. 현대적인 인공지능의 핵심은 컴퓨터가 데이터로부터 학습하여 스스로 패턴을 찾아내고 의사결정을 내리는 능력에 있다. 특히 2010년대 이후 급격히 발전한 기계학습(Machine Learning)과 딥러닝(Deep Learning) 기술은 방대한 데이터를 기반으로 높은 수준의 인식과 판단 능력을 컴퓨터에게 부여하였다. 이미 음성인식, 이미지 분류, 자연어 처리 등 다양한 분야에서 인간 전문가에 필적하거나 능가하는 AI 모델들이 등장하고 있다.

인공지능은 크게 좁은 인공지능(ANI)과 강한 인공지능(AGI)으로 구분될 수 있는데, 현재 실용화된 기술들은 특정 업무에 특화된 좁은 인공지능들이다. 예를 들어, 사진 속 인물을 식별하는 AI는 그 분야에선 뛰어나지만 다른 일은 하지 못한다. 자율주행차에 적용되는 AI 역시 주행이라는 특정 임무에 초점을 맞춘 좁은 인공지능의 범주에 속한다. 하지만 그 내부에는 컴퓨터 비전, 경로 계획, 제어 최적화 등 여러 하위 인공지능 기능들이 통합되어 있어 종합적으로는 매우 복잡한 지능형 시스템을 이룬다.

AI 기술의 혁신을 이끈 방법론으로는 인공신경망(Neural Network) 기반의 딥러닝이 있다. 다층으로 연결된 뉴런 구조를 모방한 신경망이 수많은 매개변수를 학습함으로써, 주어진 입력에 대해 원하는 출력을 내는 함수를 스스로 구성한다. 예컨대 도로 영상이 입력되면 보행자나 차량의 위치를 출력하는 신경망 모델을 만들기 위해, 수십만 장의 이미지와 정답 데이터를 학습시켜 모델 파라미터를 최적화하는 식이다. 이렇게 학습된 딥러닝 모델은 사람의 개입 없이도 처음 보는 도로 상황에서 유의미한 인식과 예측을 수행할 수 있다. 최근에는 딥러닝 기술이 발전하여 Convolutional Neural Network(CNN), Recurrent Neural Network(RNN), 그리고 Transformer 등의 다양한 모델 구조들이 등장했고, 각기 자율주행의 시각 인지, 상황 판단 등에 활용되고 있다.

또 다른 중요한 인공지능 접근법으로 강화학습(Reinforcement Learning)이 있다. 강화학습은 에이전트(지능형 주체)가 환경과 상호작용하며 시행착오를 통해 최적의 행동 전략을 배우는 기법이다. 자율주행의 맥락에서는 차량이 주행 환경에서 어떤 행동(예: 속도 조절, 차선 변경)을 취할 때마다 보상이나 벌점을 받고, 장기적으로 최대 보상을 얻는 행동 정책을 학습하도록 할 수 있다. 가령 안전하면서도 빠르게 목적지에 도달하는 것을 보상으로 설정하면, 에이전트는 스스로 주행 전략을 터득하게 된다. 이런 강화학습은 특히 복잡한 주행 상황에서 사람의 규칙 설계 없이도 최적 해법을 찾게 해주지만, 실제 도로에서의 시행착오는 위험하므로 주로 시뮬레이터 상에서 학습시킨 후 결과를 적용하는 방식으로 연구되고 있다.

인공지능 개론을 통해 알 수 있듯이, 현대 AI는 빅데이터와 강력한 컴퓨팅 파워를 바탕으로 빠르게 발전하고 있다. 그리고 이러한 AI의 발전은 자율주행차의 눈과 두뇌에 해당하는 핵심 기능들을 가능하게 함으로써, 본격적인 무인주행 시대를 여는 열쇠가 되고 있다. 다음 절에서는 자율주행을 위해 구체적으로 어떤 인공지능 기술들이 활용되는지 살펴본다.

1. 인공지능의 중요성

먼저 인공지능의 개념을 살펴보자면, 인공지능이란 시스템이 어떤 형태의 인간지능을 가지게 되는 것을 의미하며, 1950년 영국 수학자 알란 튜링(Alan Turing)이 발표한 논문 Computing Machinery and Intelligence에서 처음으로 논의가 시작되었다. 인공지능은 수학 이론을 기반으로 연구가 시작되었고, 현재 컴퓨팅 기술의 발전으로 다양한 응용분야의 연구가 활발히 진행되고 있다. 대표적인 인공지능 연구에는 Cognitive Science, Knowledge representation 같은 이론적인 분야, Neural Networks, Fuzzy Logic, Genetic Algorithms 같은 알고리즘 분야, 그리고 Robotics, Clinical Medical Application, AI manufacturing 등의 응용분야가 있다.

그렇다면 인공지능은 자율주행 자동차와 무슨 관계가 있으며 왜 중요할까?

빠르게 성장하고 있는 자율주행시장에서 수년 전까지만 하더라도 다양한 센서를 융합한 형태의 기술이 대세를 이루었지만 최근에는 딥러닝/영상 센서/GPU 기술의 발전으로 고가의 센서를 영상 센서로 대체한 형태의 '인공 지능 기반의 자율주행 기술'이 다시 각광받고 있다.

현재 상용화 되어있는 자율주행 기술 수준은 1,2 단계이지만 2020년을 목표로 레벨3이상의 자율주행 기술을 상용화하기 위해 개발이 진행되고 있는데, 이 레벨3 이상의 기술에는 인공지능이 활용되고 있는 것으로 판단된다. 또한, 현재 유럽에서 출시되는 차량은 Euro NCAP에 의해 자동긴급제동(Autonomous Emergency Brake, AEB)와 LDW 항목을 필수적으로 검증하고 있으며, 앞으로 다양한 자율주행요소기술 또는 운전자보조시스템 기술들이 안전성 평가 항목에 추가될 계획인데 이처럼 안전성 평가를 위해서는 높은 수준의 인공지능 기술이 필요한 것으로 나타났다.

따라서 인공지능을 이용한 자율주행 기술은 자동차 산업과 IT산업이 만나 만들어진 미래 융합기술로, 사회 전반에 걸쳐 큰 파급력을 가질 것으로 예상되고 있다.

2. 자동차용 인공지능 모듈 및 시스템의 정의

자동차용 인공지능 모듈에는 기계 학습, 자연어 처리, 이미지 처리, 음성 인식 등의 모듈이 있다. 자동차용 인공지능(AI, Artificial Intelligence) 시스템은 라이다(Lidar) 센서, 레이더, 초음파 센서(Sensor), 적외선 카메라, 모노/스테레오 카메라 등을 자동차 내외부에 설치하고 이러한 센서 등을 통해 외부 정보를 수집하여 분석한 후 자동차 스스로 주변 환경을 인식하여 위험한 상황을 판단하고 주행경로를 계획하는 등 운전자의 주행조작을 최소화하며, 스스로 안전한 주행이 가능하도록 해주는 시스템이다.

자율주행 자동차용 인공지능 시스템에는 라이다 센서, 레이더, 카메라 등을 활용하여 주변 상황을 정확히 파악하는 기술, 차량 주변 센서로 파악하기 어려운 차량과 도로에 설치된 센서와 통신을 통해 정보를 교환하고 위험 여부를 종합적으로 판단하는 기술, 운전자와 자동차와의 교감을 통해 자율주행에 관한 신뢰성을 확보하고 위험 상황에 운전자가 적절히 대응할 수 있는 기술 및 제어 오류발생에 대응하는 기술 등이 필요하다. 이 기술에 대해서는 뒤에서 더 자세히 설명하도록 하겠다.

완전 자율주행 자동차는 운전자의 운전조작이 전혀 없이 자동차 스스로 주행환경을 인식하여 목표지점까지 운행함에 따라 운전자의 부주의로 인한 교통사고를 미연에 예방하고, 편리한 운전환경을 제공한다. 이처럼 자율주행 자동차의 핵심은 인공지능 시스템이며, 구글 등 관련자동차 업계에서는 인공지능 시스템을 자율주행 자동차에 적용하여 시장을 선점하기 위해 막대한 투자를 진행하고 있다[3].

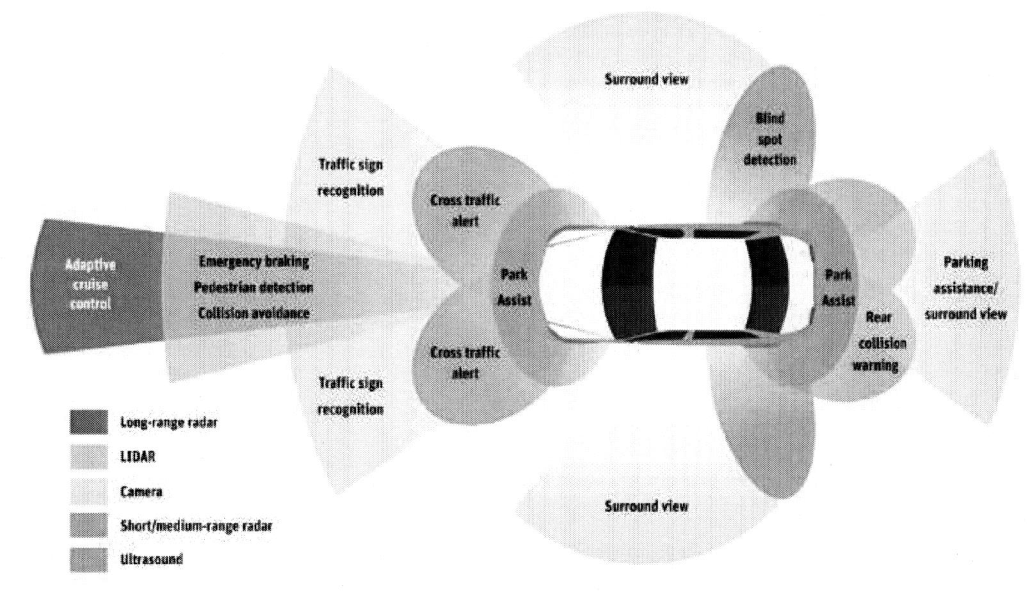

자율주행차 인공지능 센서, 출처: nutreaunnino

3) (출처 : KISTI 마켓리포트 인공지능 특집호 2016)

3. 인공지능 시스템의 구성

자율주행 자동차를 구성하는 인공지능 시스템은 크게 예방안전, 자동운전, 사고회피, 도로 인프라와 연계된 시스템으로 구분할 수 있으며 주요 기술은 다음과 같다.

구분	기술명	설명	핵심요소기술
예방안전	전후방모니터링 (BSD)	운전자가 볼 수 없는 전후방 사각지역을 모니터링	거리인지
	가변전조등 (AFLS)	주행차량의 진행방향과 연동시켜 전조등을 광범위하게 비추어 커브의 형상 및 보행자 조기 발견	Road Profile 인식
	차선이탈경보 (LDW)	차선을 인식하고 주행차선으로부터 주행차량의 이탈이 예상되는 경우에 운전자에게 경고하는 기술	차선,차량 인식
	후측방경보	후측방 으로부터 접근하는 차량을 인식하고 주행차량의 차선변경에 의한 충돌사고가 예상되는 경우 운전자에게 경고하는 기술	차량 인식
	나이트비전	야간 주행 시 적외선 카메라로 사물을 식별하는 기술	화질 개선
자동운전	적응순항제어 (ACC)	다양한 주행조건에서 전방차량과의 안전거리를 유지하면서 자동으로 주행할 수 있는 기술	차량, 동적객체, 거리, 표지판 인식, 경로예측
	자동주차보조 (PA system)	주차지역내의 장애물을 인식하고 조향 액추에이터로 운전자의 주차조작을 보조하는 기술	차량 및 동적 객체 인식
	차선유지지원 (LKAS)	주차지역내의 장애물을 인식하고 조향 액추에이터로 운전자의 주차조작을 보조하는 기술	차선인식

구분	기술명	설명	핵심요소기술
사고회피	Pre-safe (PSB)	전방장애물을 감지하여 충돌위험성에 따라 운전자에게 경고, 충돌이 불가피한 경우 안전벨트를 최적의 위치로 제어하여 에어백에 의한 운전자의 충돌상해를 경감시키는 기술	차량, 동적객체, 거리 인식 기술
	졸음운전방지	운전자 눈동자의 변화를 검출하여 졸음운전이 예상되는 경우에 운전자에게 경고, 사고가 예상되는 경우 조향 및 제동 액추에이터를 통합·제어	운전자 상태 인지
	충돌회피 (FCW,FCA)	전방, 측방, 후방 사각지역의 장애물을 인식하고 장애물과의 충돌사고를 미연에 회피하도록 조향 및 제동 액추에이터를 통합 제어할 수 있는 기술	차량, 동적객체, 거리인식기술
도로인프라 연계	위험속도방지	전방 도로상황 대비 주행속도가 빠르면 경보하고, 동시에 적정속도까지 자동적으로 감속하는 기술	차량, 표지판 인식
	긴급제동통보	후방차량의 운전자가 전방차량의 제동상황을 늦게 인지한 경우 충돌사고의 위험성을 후방차량의 운전자에게 통보할 수 있는 기술	차량인식 및 거리 추정
	교차로충돌경보	교차로의 주행상황을 다양한 센서로 인식하고 교차로에 접근하는 차량의 운전자에게 위험상황을 실시간으로 통보할 수 있는 기술	차량, 보행자, 환경, 행동인식

Ⅱ. 자율주행을 위한 인공지능 기술

1. 인공지능 기술의 발달과 전장부품

인공지능을 활용해 사람의 판단과 제어 없이 주행이 가능한 자율주행 자동차는 이미 1950년대 부 안전과 편의를 위해 소개되기 시작한 자동차 기술에서부터 발전해 왔다. 1950년~2000년까지 자동차산업에서 안전과 편의를 중심으로 전장부품들이 소개되어 왔는데, '크루즈 컨트롤(Cruise Control)', '안전벨트 리마인더(Seatbelt Reminder)' 등과 같이 운전자 주행 시 편의를 제공하고 사고발생 시 피해를 경감시키거나 예방을 위한 부품들이 이에 해당한다. 2000년~2015년까지는 'ADAS(Advanced Driving Assistance Systems, 주행보조시스템)' 기술의 개발과 소개로 안전의 범주가 수동안전(사고 시 피해 경감)에서 능동안전(사고 예방으로 확장되고 있다. 따라서 안전을 위해 발전한 전장부품이 ADAS 기술로 발전하여 인공지능을 활용한 자율주행 기술로 확대되었다고 할 수 있다. 또한, ADAS 기술을 활용하여 부분적 자율주행 구현을 가능하게 하고 있는데, 기존의 주행, 주차, 안전 분야에서 발전된 기술을 바탕으로 완전 자율주행을 위한 토대를 마련하고 있다[4].

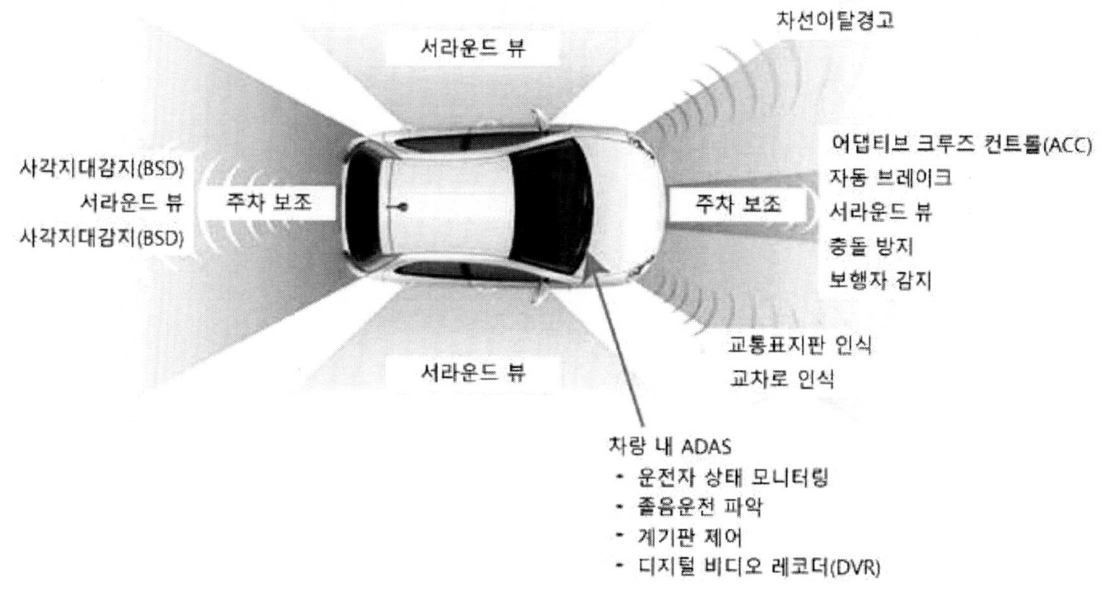

자율주행차량의 ADAS 기술, 출처: 전자신문

전장부품에 대해 더 자세히 설명하자면, 전장부품은 결국 기존의 기계식 장치 혹은 인간의 운전으로만 처리하기에는 제한이 많은 영역들을 컴퓨터 시스템으로 통제함으로써 차량의 효율성 안전성 편의성을 향상시키는 것이다. 그리고 이러한 목적을 실행하기 위해 전장부품은 주행상황을 인지하고, 판단하고, 제어하는 과정을 진행한다. 즉, 전장부품은

4) (출처 : KARI, 이베스트투자증권 리서치센터)

현재의 주행 상황을 인식할 수 있는 '인지장치'가 필요하며, 인지한 상황을 판단할 수 있는 '판단장치'를 통해 최적의 해를 계산한 뒤 판단장치의 판단에 따른 명령을 행할 수 있는 '제어장치'가 필요한 것이다.

차량의 주행상황을 인지하는 것은 센서(Sensor)와 이를 보조하는 소프트웨어이다. 이는 전장부품의 첫 시작이며 사람의 눈과 귀에 해당하는 것으로 지정된 조건의 충족 여부를 측정하고 데이터를 생산해 ECU로 전달하는 역할을 갖고 있는 것이다. 센서에서 생성된 Data들은 ECU(Electronic Control Unit)로 전달돼 해석되는 과정을 거친다. ECU는 인간의 뇌와 같은 역할을 하는 장치로 관련 소프트웨어들과 함께 Data들을 해석하며 가장 적합한 해를 계산, 상황에 가장 적합한 액션을 계산해 내는 것이다. ECU에서 판독된 해 들은 Actuator로 전달된다. Actuator는 사람의 손과 발에 해당 하는 것으로 ECU의 명령에 따라 차량을 제어하는 것으로 모터 뿐 아니라 솔레노이드 밸브 등 다양한 형태를 취하고 있다[5].

구분	역할	사람	내용
Sensor+SW (센서)	인지	눈, 귀	지정된 조건의 충족 여부를 측정, Data 생산 **기술성숙도 : 中(정밀도 개선 필요)**
ECU+SW (제어기)	판단	뇌	센서에서 생성된 Data를 해석, 작동을 유도하고 행동을 결정 **기술성숙도 : 下(상황별 판단 알고리즘 개발 필요)**
Actuator+SW (액츄에이터)	제어	손, 발	제어기의 명령에 따라 작동[주행 제어] **기술성숙도 : 上(오래된 양산기술 축적)**

전장부품의 3대 요소

스트래티지 어낼리틱스(Strategy Analytics)에 따르면 세계 ADAS 시장규모는 2016년 160억달러에서 2021년 370억달러까지 연평균 18%씩 성장할 것으로 전망했다. ADAS 솔루션이 진화하면서 보다 엄격한 차량 안전기준을 맞추려면 강력한 기능의 센서가 필요하다. 자율주행차는 주행 환경을 인식하는 카메라, 레이더, 라이더, 초음파 센서 등 여러 종류 센서를 사용한다. 최근에는 센서 간 부족 부분을 보완하고 가격도 저렴한 통합센서가 개발되고 있다. 센서는 전체 ADAS 시장에서 차지하는 비중이 2016년 46%인 74억달러로 가장 높고 2021년에는 56%로 208억달러에 이르며 연평균성장률 23%의 빠른 성장이 전망된다.[6]

5) (출처 : KARI, 이베스트투자증권 리서치센터)
6) 자율주행차 길잡이 ADAS 센서...진화 어디까지, 전자신문, 2018.02.06

2. 머신러닝(기계학습)과 딥러닝

(1) 정의

기계학습 또는 머신러닝은 일반적으로 훈련이후 새롭게 들어온 데이터를 정확히 처리할 수 있는 능력을 말한다. 더 자세히 말하면, 알고리즘을 이용해 데이터를 분석하고, 분석을 통해 학습하며, 학습한 내용을 기반으로 판단이나 예측을 하는 것이다. 1959년에 아서 사무엘에 의해 컴퓨터에게 배울 수 있는 능력 즉 코드를 정의하지 않은 동작을 실행하는 능력에 대한 연구 분야로 정의되었다.

머신러닝의 핵심은 표현(representation)과 일반화(generalization)에 있다. 표현이란 데이터의 평가이며, 일반화란 아직 알 수 없는 데이터에 대한 처리이다. 이는 전산학습 이론 분야이기도 하다. 또한, 머신러닝은 훈련 데이터(Training Data)를 통해 학습된 알려진 속성을 기반으로 예측하는 것에 초점을 두고 있다.

이처럼 머신러닝은 주어진 데이터를 바탕으로 새로운 질문에 대해 예측하는 것을 목적으로 하는데 이는 크게 '지도학습'과 '비지도 학습'으로 구분할 수 있다, '지도학습'은 훈련 데이터에 조건 X뿐만 아니라 이에 대한 정답 Y까지 주어진다. 예를 들어 사진 자료들에 강아지, 고양이, 새와 같이 일일이 라벨링이 되어 있고 이를 학습해 다른 사진들에서 강아지, 고양이. 새들을 찾아내는 식이다. 반면 여러 동물사진을 섞어놓고 이 사진에서 비슷한 동물끼리 자동으로 묶어보라고 이야기한다면 이는 '비지도 학습' 이라고 볼 수 있다. 인간은 지도학습과 비지도학습의 과정을 모두 이용하는데 아직까지의 인공지능은 지도학습 연구가 더욱 활발한 모습이다. 하지만 인간이 세상을 라벨링 없이도 이해할 수 있듯이 미래의 인공지능 역시 라벨링 없이 세상을 이해할 수 있는 비지도 학습이 더욱 강조될 전망이다.[7)]

그런데 인간은 선택과 결정을 함에 있어서 과거의 경험치에 기대기도 하지만 전혀 그러한 데이터가 없는 경우에는 여러 상황을 고려해 완전히 새로운 답을 내기도 한다. 또한, 현실은 머신러닝으로 해결할 수 있을 만큼 단순한 문제로만 둘러싸여 있지 않다. 이러한 점에 한계를 느낀 머신러닝은 보다 인간에 가까운 사고를 할 수 있는 다층 구조 신경망 연구로 그 축이 옮겨진다. 그리고 마침내 2006년에 토론토 대학의 힌튼 교수는 2006년 전처리 학습(Pre-training)을 통해 한계를 해결할 수 있음을 밝혔고, 그 이후 복잡하고 깊은 신경망 구조에 대한 학습이 가능해져 딥러닝의 급격한 발전을 가져오게 되었다.

딥러닝(Deep Learning, DL)은 1940년대에 개발된 인공신경망(Artificial Neural Networks)을 기반으로 하고 있으며, 데이터를 군집화하거나 분류하는데 사용하는 기술

7) 기계학습의 원리와 한계, 김진형 교수

이다. 인공신경망은 생물학의 신경망(동물의 중추신경계, 특히 뇌)에서 영감을 얻은 통계학적 학습알고리즘이며, 시냅스(synapse)의 결합으로 네트워크를 형성한 인공뉴런(node)이 학습을 통해 시냅스의 결합세기를 변화시켜, 문제해결 능력을 가지는 모델전반을 가리킨다.8)

딥 러닝은 국소 최저치라는 문제를 해결하기 위해 데이터의 전처리 과정을 도입해 비지도 학습법(unsupervised learning)으로 각 층을 손질한 다음에 이렇게 처리한 데이터를 여러 층으로 쌓아올려 최적화를 수행한다. 어떠한 데이터가 있을 때 이를 컴퓨터가 알아들을 수 있는 형태(예를 들어 이미지의 경우는 픽셀정보를 열벡터로 표현하는 등)로 표현(representation)하고 이를 학습에 적용하기 위해 많은 연구(어떻게 하면 더 좋은 표현기법을 만들고 또 어떻게 이것들을 학습할 모델을 만들 지에 대한)가 진행되고 있으며, 이러한 노력의 결과로 deep neural networks, convolutional deep neural networks, deep belief networks와 같은 다양한 딥 러닝 기법들이 컴퓨터비젼, 음성인식, 자연어처리, 음성/신호처리 등의 분야에 적용되어 최첨단의 결과들을 보여주고 있다.9)

2012년, 구글과 스탠퍼드대 앤드류 응(Andrew NG) 교수는 1만6,000개의 컴퓨터로 약 10억 개 이상의 신경망으로 이뤄진 '심층신경망(Deep Neural Network)'을 구현했다. 이를 통해 유튜브에서 이미지 1,000만 개를 뽑아 분석한 뒤, 컴퓨터가 사람과 고양이 사진을 분류하도록 하는데 성공했다. 컴퓨터가 영상에 나온 고양이의 형태와 생김새를 인식하고 판단하는 과정을 스스로 학습하게 한 것이다.

딥 러닝으로 훈련된 시스템의 이미지 인식 능력은 이미 인간을 앞서고 있다. 이 밖에도 딥 러닝의 영역에는 혈액의 암세포, MRI 스캔에서의 종양 식별 능력 등이 포함된다. 구글의 알파고는 바둑의 기초를 배우고, 자신과 같은 AI를 상대로 반복적으로 대국을 벌이는 과정에서 그 신경망을 더욱 강화해 나갔다.

딥 러닝의 등장으로 인해 머신 러닝의 실용성은 강화됐고, 인공 지능의 영역은 확장됐다. 딥 러닝은 컴퓨터 시스템을 통해 지원 가능한 모든 방식으로 작업을 세분화한다. 운전자 없는 자동차, 더 나은 예방 의학, 더 정확한 영화 추천 등 딥 러닝 기반의 기술들은 우리 일상에서 이미 사용되고 있거나, 실용화를 앞두고 있다. 딥 러닝은 공상과학에서 등장했던 일반 AI를 실현할 수 있는 잠재력을 지닌 인공 지능의 현재이자, 미래로 평가 받고 있다.

그렇다면 머신러닝과 딥러닝은 어떤 관계일까? 결론부터 말하면 딥러닝은 머신러닝의 일

8) 출처 [네이버 지식백과] AI-ML-DL [Artificial Intelligence-Machine Learning-Deep Learning] - 인공지능-기계학습-딥러닝 (지형 공간정보체계 용어사전, 2016. 1. 3., 구미서관)
10) 아이비티즈, 김건우기자, "인공지능-머신러닝-딥러닝 차이를 아시나요?", 2016.08.03

종이라고 할 수 있다. 인공지능의 진화에서 가장 중요한 요소는 학습(러닝)이다. 여기서 말하는 학습은 어떤 식으로든 특성을 추출해서 분류하는 시스템을 만드는 일련의 과정으로 특성의 선택이 학습을 통해 패턴을 인식하고 오류 값을 줄여나가는 성능을 좌우한다[10].

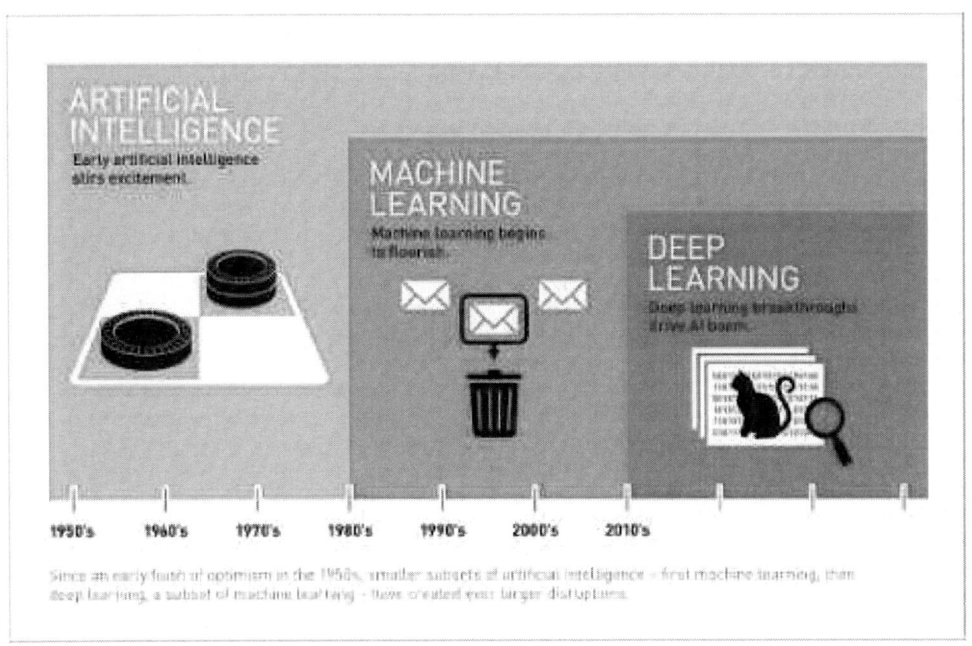

인공지능과 머신러닝, 딥 러닝의 차이

(2) 딥러닝 기반의 자율주행차 소개

아우디는 A7기반의 시작차로 2015년 1월 실리콘벨리에서 라스베가스 까지 자율주행에 성공했다. 이 자동차의 주행시험에서 딥러닝 기술을 이용한 형상인식능력이 효과적이었다고 한다[11].

특히 이 딥러닝 콘셉트 기반의 자동차는 임시 교통 신호 체계를 이해하고 해석해 특정 신호가 켜지면 즉시 주행설정을 변화하고, 짧은 경로 혹은 긴 경로를 선택하는 등 상황에 맞게 작동됐다. 시스템 디자인 또한 갑작스러운 기후 변화나 조명 조건 등 다양한 변수에 유연하게 적응하도록 설계됐다.

2018년에 소개 된 아우디의 A8은 레벨3 자율주행을 구현하는 최초의 양산차다. 높은 수준의 자율주행 기능 덕분에 출시 전부터 많은 주목을 받았다. 아우디 A8에 적용된 '아우디 AI 트래픽 잼 파일럿(Audi AI Traffic Jam Pilot)'은 중앙 운전자보조제어장치

10) (출처 : 엔비디아)
11) (출처 : http://blog.naver.com/esjpark/220392976468)

(zFAS)가 '눈'들의 정보를 통합해 시속 60km 이하로 주행하는 조건에서 시동, 가속, 조향, 제동을 스스로 통제하며 달린다. 웬만한 시내 운전에서는 스스로 운전 하는 셈이다. 주차 역시 스스로 한다. A8은 AI 원격 주차 파일럿(Audi AI remote parking pilot)' 과 '아우디 AI 원격 차고 파일럿(Audi AI remote garage pilot)을 이용해 혼자 주차 공간이나 차고로 이동하며 운전자는 앱을 통해 실시간으로 이를 살펴볼 수 있다.

2019년 후반 국내에도 판매될 예정이지만 레벨 3의 기술이 적용된 상태로 판매될 지는 아직 미정이다. 왜일까? 자율주행 시스템의 안정성 확보를 위한 데이터베이스가 충분히 쌓여야 하기 때문이다. 나라마다 표지판 모양과 차선 색깔부터 법규까지 교통 환경이 실로 다양한데, 자율주행 기능이 제대로 작동하기 위해서는 현지에 맞는 데이터를 쌓는 것이 가장 중요하다. 독일에서 잘 구현되는 레벨3가 다른 나라에서는 먹통이 될 수도 있다. 무엇보다 자율주행 기능이 제대로 작동하지 않는 '코너 케이스' 상황에 빠지게 되면 인명피해까지 발생할 수 있고, 이는 적지 않은 사회적 손실을 야기할 수도 있다. 자율주행은 더 높은 수준의 기술을 만드는 것보다 시스템이 안정적으로 돌아가는 것이 더 중요하다.

아우디는 레벨 3 구현을 위해 애초부터 발 빠르게 움직였다. 수입차 브랜드로서는 처음으로 국내에서 자율주행 운행 허가를 받았고, 이를 통해 레벨3 혹은 그 이상의 자율주행 기술이 우리나라에서 안정적으로 구동되기 위한 데이터를 차곡차곡 쌓아나갈 예정이다.[12)]

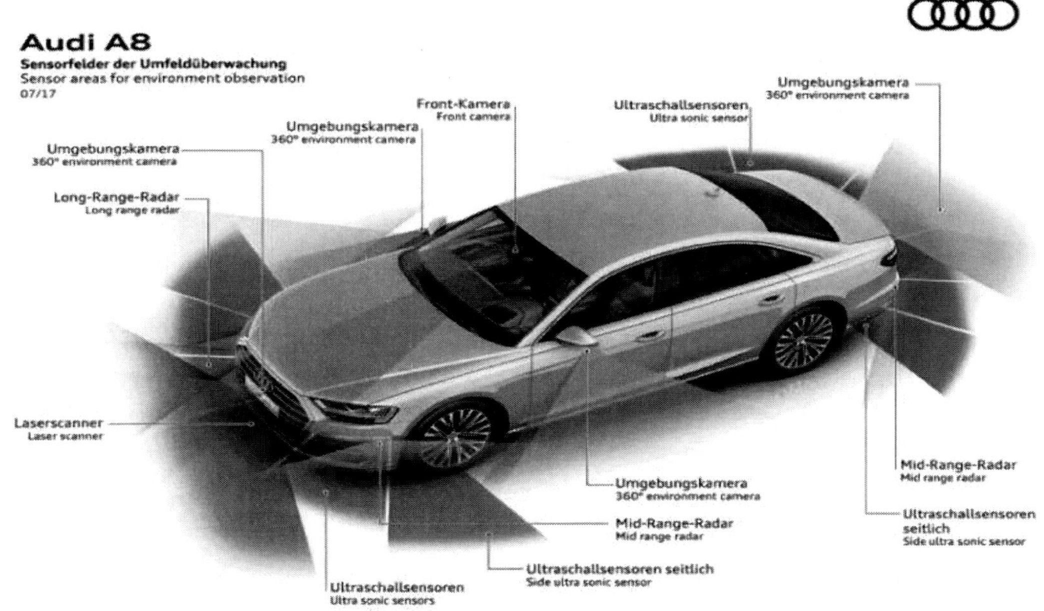

세계최초의 레벨 3 양산 자율주행차 A8, 출처: 아우디

12) 아우디 A8의 레벨 3 자율주행 국내서도 가능, 아직은.., 카랩, 2018.06.06

자동차가 자율주행을 하기 위해서는 주변의 상황을 파악해야 하고, 사람과 동일한 수준의 형상인식능력이 필요하다. 운전지원시스템을 총괄하는 중앙제어유니트, zFAS에서는 사람이 눈에서 뇌로 이미지를 사용하여 입력한 영상의 모든 프레임을 해석하고 윤곽선을 보고 형상을 검출한다. 이어서 그런 형상이 물체라는 것을 확인하고 나면 그 물체가 무엇인지를 학습한다. 이렇게 인식을 한 것들은 데이터베이스에 축적되고 그것을 반복함으로써 인식능력이 높아진다. 그러므로 주행거리가 곧 학습량이 되고 주행을 하면 할수록 현명해 진다.

사고가 일어날 수 있는 위험에 직면해서 상황을 파악하고 그 상황에 상응하는 명령을 내리며, 차량이 회피동작을 하기까지는 아주 짧은 시간이다. 위험을 인식하기 위해서 인터넷 클라우드의 데이터베이스를 이용할 시간은 없다. 그러므로 위험을 인식하는 능력은 차량 자체에 가지고 있지 않으면 안 되며 이것이 딥러닝의 가장 중요한 목적 이라고 할 수 있다.[13]

(3) 딥 러닝의 성공요인

① 비지도 학습방법

비지도 학습방법은 사람이 데이터에 의미를 부여하지 않고 컴퓨터가 스스로 군집(cluster)를 찾게 만든다. 이 과정에서 잡음을 줄이고 특이한 자료를 필터링하는 효과를 얻는다.

② CNN(Convolutional Neural Network)의 진화

기계학습은 데이터에서 직접 지식을 추출하도록 학습할 수도 있지만, 보통 중간 단계인 특징(feature) 추출을 거쳐 데이터에서 특징을 찍고 이를 사용해 지식을 추출하도록 학습한다. 사물을 인식하기 위해 2차원 이미지의 픽셀 값에서 먼저 특징적인 선이나 색 분포를 추출한 다음에 이를 기반으로 실제 사물을 분류하는 방법을 사용한다. 기계학습의 성능은 얼마나 좋은 특징을 추출하느냐에 달려 있다. 이는 이미지 처리, 음성인식, 필기체 인식, 자연어 분석 등 다양한 부분에 동일하게 적용되는 원칙이다. 딥러닝에서는 사람의 개입 없이 특징조차도 기계학습으로 뽑기 때문에 특징 추출과 학습 양쪽을 모두 기계가 처리할 수 있게 됐다.

③ RNN(Recurrent Neural Network)의 진화

시간의 흐름에 따라 변화하는 시계열 데이터를 처리하기 위해 등장한 RNN은 매 순간마

---

13) 출처 : http://blog.naver.com/esjpark/220392976468

다 인공신경망 구조를 쌓아올리는 방식을 사용한다. 과거 RNN은 인공신경망이 너무 깊기 때문에 오래 전 데이터를 잊어먹는 현상으로 인해 학습이 어려운 문제가 있었는데, LSTM(Long-Short Term Memory)라는 게이트 유닛을 노드마다 배치하는 방법으로 이런 문제를 극복했다.

④ GPGPU의 등장과 학습 방법의 진보

과거에는 엄청나게 복잡한 벡터 연산을 위해서 슈퍼컴퓨터를 동원해야 했지만, 최근에는 GPGPU로 대표되는 병행 컴퓨팅에 필요한 기반이 일반화됨에 따라 누구나 복잡한 계산이 가능해졌다. 또한 빅 데이터 시대가 도래하면서 천만 장의 고해상도 사진(ImageNet)과 엄청나게 많은 동영상 클립(유튜브)을 확보할 수 있게 됐다. 또한 인공신경망의 알고리즘적인 측면에서 비선형변환에 사용되는 ReLU(Rectified Linear Unit)의 개발도 한몫을 거들었다.[14]

3. 자율주행을 위한 인공지능 기술

본 목차에서는 딥러닝 기반 인공지능 기술을 이용한 자율주행 기술과 기술 동향에 대해서 설명하고자 한다. 인공지능은 자율주행 자동차에서 주로 '인지 기능'을 담당하고 있으나, 인공지능이 인지에만 국한되는 것은 아니며 센싱/측위/제어를 위해서도 사용될 수 있다[15].

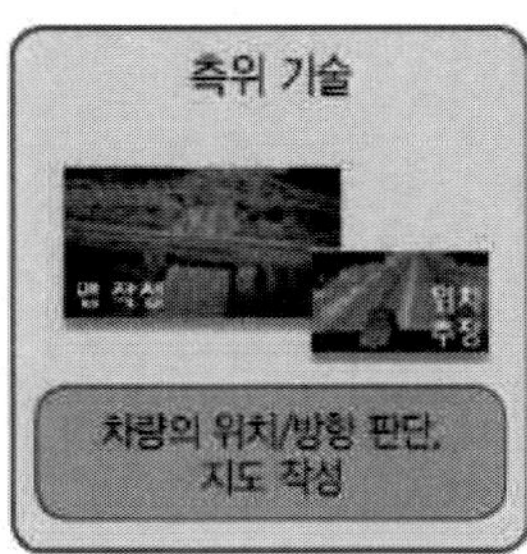

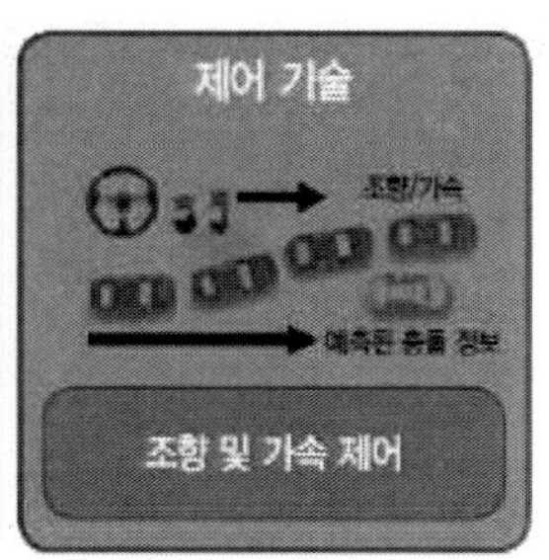

자율주행 자동차의 4가지 요소 기술

(1) 센싱을 위한 인공지능 기술

센싱 기술에 속하는 영상 기반 깊이 추정 기술의 경우, 딥러닝 기반의 실시간 깊이 추정 기술이 앞으로 LiDAR의 역할을 하게 될 것으로 전망하고 있다. 인공지능 기술의 발달로 LiDAR, IMU와 같이 고가의 센서가 담당하던 역할을 영상 정보기반 알고리즘을 이용하여 대체 할 수 있게 된 것이다. 이 깊이 추정 분야는 최근 캐나다 토론토 대학에서

---

14) 출처 : http://www.autoelectronics.co.kr/article/articleView.asp?idx=2114
15) 출처 : KETI, 자율주행을 위한 인공지능 기술 동향 보고서

딥 러닝을 이용하여 실시간으로 고성능 깊이 영상을 획득할 수 있음을 보였다.

딥 러닝 기법을 통해 실시간으로 획득한 깊이 영상

(2) 인지를 위한 인공지능 기술

인지 기술은 크게 보행자/차량/차선/표지판을 검출하는 검출 기술, 그리고 차량/보행자를 추적하는 추적 기술, 추적된 정보를 이용하여 충돌을 예측하는 기술, 측위 정보(현재 차선 및 위치)와 함께 경로를 계획하는 기술로 구분될 수 있다. 전통적인 기계 학습 방식은 Histogram-of-Oriented Gradient (HOG)와 같은 특징량을 영상에서 추출하고 분류기를 학습해서 검출하는 방식이었다면, 딥 러닝 기반 학습 방식은 회선 계층(convolutional layer)에서 자동적으로 특징량이 추출되고, 외형 변화(deformation)에 강건하게 검출이 될 수 있다는 장점이 있다. 딥 러닝 방법의 물체 검출 기법은 학습 데이터에 따라 특징량이 다르게 추출되기 때문에 전통적인 방법과 달리 특정 물체에 한정된 응용을 갖지 않는 특징이 있다. 최근 ECCV에서 발표된 통합 다중 스케일 딥 러닝 기법은 다양한 객체 보행자/차량/Cylist)에 대해 세계 최고 수준의 검출 성능을 보여주었다[16].

자율주행을 위한 인공지능 기술동향

16) 출처 : 한국산업기술평가관리원 - 자율주행을 위한 인공지능 기술동향

(3) 측위를 위한 인공지능 기술

측위 기술은 차량의 이동 방향과 속도를 추정하는 기술로, 차량의 충돌, 경로 계획, 차선 이탈과 같은 인지 기술과 밀접한 관계가 있다. 특히 자율 주행을 위해서는 전통적 GPS 기반의 측위 보다 훨씬 정밀한 차선 레벨의 측위가 필요한데, 이를 위해 고성능의 DGPS를 사용할 수도 있고 아니면 영상 기반의 인공지능 기술을 이용하여 차량의 위치를 판단할 수도 있다.

구글의 경우에는 측위를 위해 LiDAR/IMU/GPS를 융합하여 지도를 만들고, 지도 정보와 LiDAR 센서와 정합을 통해 차량의 위치를 계산하는 접근 방법을 이용하고 있다. 또한, Daimler의 경우 고속도로 파일럿 시스템을 개발하였는데, 이는 도로를 스캔하며 GPS, 정밀지도, 예측시스템을 이용한 자율주행 시스템이다.

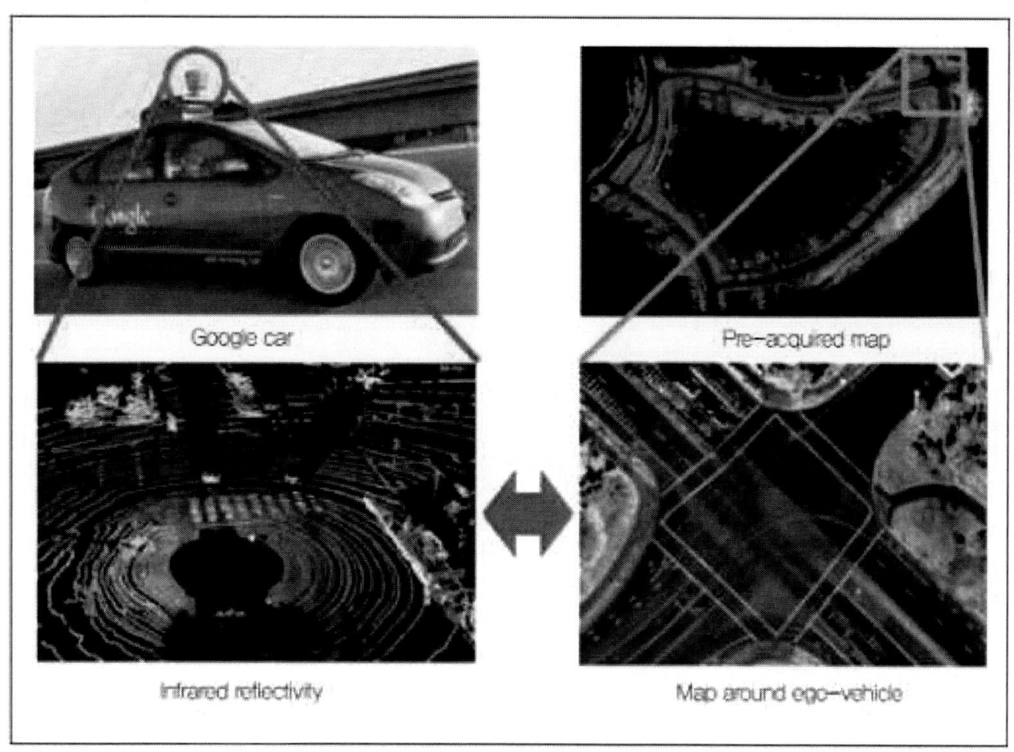

구글이 개발한 센서 융합기반정밀측위시스템, 출처: 구글

아직까지 측위기술은 인공지능 보다는 센서에 많이 의존하고 있는 수준이다. 만약 개발이 된다면 인공지능의 기술로 측위를 할 수 있게 될 것이며, 분명 지금보다 더 정확한 측위가 가능해 질 것으로 전망된다.[17][18]

---

17) KEIT 이슈리포트, 황영배 팀장, 조희영 PD, 자율주행을 위한 인공지능 기술 동향

18) 출처 : KEIT PD 이슈리포트,

(4) 차량제어를 위한 인공지능 기술

"차량 제어에 있어서는 조향과 가속, 감속을 가능하게 할 토탈 솔루션시스템이 필요하다. 이는 기존 ADAS 기반의 차량 제어시스템을 활용해 제어가 가능할 것으로 판단되고 있다."19)

NVIDIA에서 자율주행을 위한 인지/측위/제어 단일 네트워크를 사용하여 한 번에 학습하고자 하는 연구를 지속하고 있다. 테스트 단계에 있는 'NVIDIA DRIVE AGX Pegasus'는 'NVIDIA DRIVE AGX Xavier' 프로세서와 2개의 차세대 'TensorCore GPU'에 기반해, 1초에 320조 번의 딥 러닝 계산을 할 수 있는 슈퍼컴퓨터다. 이를 통해 자동차와 클라우드 간의 데이터 전송 없이도 자체 구축 시스템으로 직접 데이터를 처리해, 안전한 자율 주행 서비스를 제공하도록 설계됐다.

엔비디아는 현재 자율 주행 컴퓨팅 플랫폼 개발 단계로, 자동차 부품 제조업체 콘티넨탈, ZF와 함께 상업용 레벨2+ 자율 주행 솔루션을 이용해 2020년 제품을 생산할 계획을 발표했다. 또한 메르세데스-벤츠, 폭스바겐, 도요타, 아우디, 볼보, 테슬라 등의 기업과 파트너 관계를 유지하며, AI 차량을 개발 중이다.20)

작년 3월 인텔이 153억달러(약 17조원)에 인수한 모빌아이는 자율주행차의 필수 기술인 충돌 회피 분야에서 독보적인 기술력을 갖춘 기업으로 아우디, BMW, 포드, 제너럴 모터스, 혼다, 현대, 닛산, 폭스바겐 등 세계 주요 자동차 제조사와 2700만 대 이상의 차량에 모빌아이 기술이 탑재되고 있다. 모빌아이의 기술은 20년 가까이 이어진 연구개발(R&D)과 실제 상황을 이끌어내는 알고리즘 스트레스 테스트(stress-testing)를 기반으로 한다.

모빌아이의 충돌 방지 시스템이 동작하는 방법을 보여주는 이미지, 출처: 모빌아이

19) 유진투자증권, 이정·김준섭·장문수·정호윤, IT·통신·자동차·인터넷에서 본 인공지능, 2016.04.18
20) 자율 주행 차 속으로 들어온 화성 탐사 AI, 테크월드, 2019.03.09

이 알고리즘 스트레스 테스트는 2억여 마일 이상의 광대한 고해상도 비디오를 바탕으로 전세계 자동차 제조사들의 사전 테스트를 통해 수집한 것이다. 이를 바탕으로 한 모빌아이의 기술은 운전자가 충돌을 피하거나 완화할 수 있는 초 단위의 시간을 벌 수 있도록 실시간으로 시각적, 청각적 경보를 제공, 충돌 위험을 줄인다. 이를 통해 전방 추돌 경보나 사각지대 탐지, 차선 이탈 경고 등을 활용함으로써 전체 충돌 사고의 30%를 피할 수 있다는 것이 모빌아이 측의 설명이다. 모빌아이의 애프터마켓 충돌 방지 시스템은 거의 모든 차량에 장착할 수 있으며, 단일 전면 카메라 또는 상용 대형 차량을 위한 다중 카메라 환경에서 사용할 수 있다. 21)

(5) 신경회로망을 이용한 조향각 제어 기술

자율주행시스템에 있어 다음과 같은 4가지 요소는 필수적으로 해결하여야 할 난점이다.

첫째, 광범위한 환경의 변화에서도 주행이 가능해야 한다. 즉 다양한 차선표시와 다중 차선 도로, 차선표시가 없는 2차선 도로에 따라 운전 방식을 변경하여야 한다. 또 도시나 주차장에서는 도로의 주행보다는 다른 타와 보행자를 피하는 것이 주요 임무이다.

둘째, 주위환경 요소에 따라 변화하는 도로영상에 대하여 적응력 있게 제어해야 한다. 조명의 변화 진한 그림자는 인식 시스템이 주요 형상을 추출해내는데 어려움을 준다. 또한 양호한 조명조건일지라도 손실되거나 흐린 차선 표시는 자율시스템의 주행에 난점을 제공한다.

셋째, 다른 교통 시스템과 동일한 성능을 발휘해야 하므로 자율시스템은 상대적으로 고속으로 주행해야 한다. 예를 들어 시속 60[km/hour]를 주행하는 차량은 1초당 거의 16.7[m]를 달린다. 따라서 복잡한 연산을 실시간 처리해야만 한다.

넷째, 자율주행시스템은 복잡한 인식을 처리해야만 할 뿐 아니라 교차로에서 회전하는 방법과 같은 도로표시를 판단하여야 한다. 따라서 인간이 판단하는 것과 같은 고 수준의 추론이 요구된다.

이런 난점을 해결하기 위하여 CMU(Camegie Mellon University)의 Pomerleau는 인간의 운전방법을 학습할 수 있는 신경회로망을 이용하여 자율주행시스템에 적용하였다. 이 연구의 목적은 신경회로망이 시각입력을 이용하여 차량을 안내할 수 있는 기술을 개발하는 것이다. 자율주행에 사용된 신경회로망인 ALVINN(Autonomous Land Vehicle In a Neural Network)의 구조는 단일 은닉층으로 구성되었다. 입력층은 비디오카메라와 같은 영상 센서에서 입력받는 2차원 망막 구조이고 출력층은 조향 응답을 표현하는

21) '모빌아이' 첨단 자율주행 기술 선보인다. 엑스포커스 2018.10.31

벡터이다. 신경회로망은 전 방향의 도로 영상을 입력받아 도로상에서 차량이 진행할 방향에 해당하는 조향 명령치를 출력한다. ALVINN의 입력층은 센서로부터 영상을 입력받기 위해 30x32 화소의 망막으로 구성된다. 입력 층의 각각 960개의 세포는 4개의 은닉층과 연결되어있다. 출력층은 30개 세포로 구성되며 현재 입력에 대하여 차량이 조향해야 할 방향을 선형적으로 표현한 것이다. 즉 출력세포 중 중앙에 위치한 것은 직진을 좌측과 우측 세포는 좌측과 우측회전을 각각 의미한다.

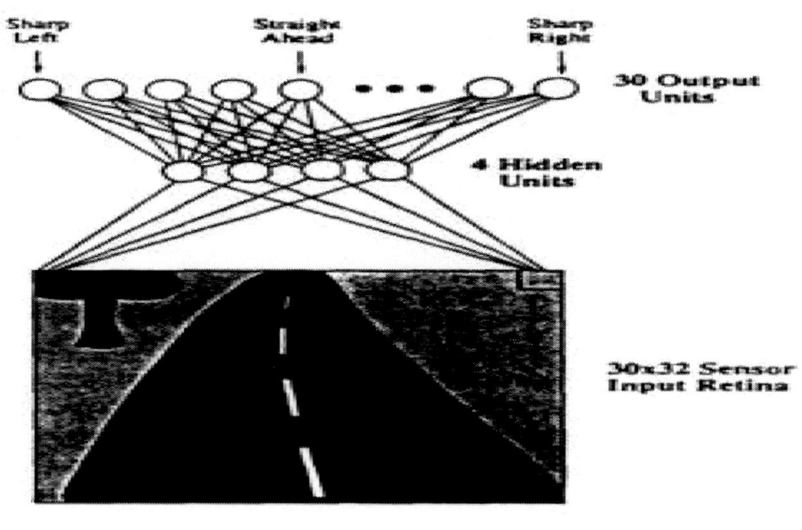

ALVINN의 구조

4. 자율주행 자동차의 인공지능 응용

(1) 주차보조 기능의 진화

다양한 인공지능 자율주행 기술 중 일반 운전자에게 가장 유용한 기술로 주차와 출차 시스템을 꼽을 수 있다. 주차와 출차는 일상 속에서 운전을 하며 만나게 되는 문제들 중 가장 까다로운 것이기 때문이다. 그래서 더 편리한 주차를 위해 완전자율주차(AVP: Autonomous Valet Parking)라는 더 발전된 자율주차 기술을 개발하고 있다. 말 그대로 차량의 자율주차 센서를 이용해 마치 믿음직한 발렛 파킹을 맡기는 것 같은 편리함을 제공하게 되는 것이다. 운전자 없이 스스로 이동하여 주차공간을 탐색하고 주차는 물론 출차까지 스스로 진행한다. 게다가 교통이 혼잡한 지역에서는 주변의 주차장까지 주차대상 공간을 확장해 주차를 하는 기능까지 갖추고 있다고 한다[22].

현재 상용화로 탑재되어 판매되는 차량의 자동주차 수준은 운전자가 자리에 앉아 주차하고자 하는 자리 근처까지 운전해가서 기어를 P로 놓고 자동주차 기능을 실행하면 주차

22) (출처 : Lancia)

가 진행되는 형태이다. 그림과 같이 운전자가 주차 공간을 파악한 후 차량 제작자가 제시한 주차지원은 모드에 따라 필요한 공간을 찾아서 차량이 운전자가 원하는 곳에 주차가 가능하게 된다. 자율주차를 하기 위한 최소의 요구 성능이다.

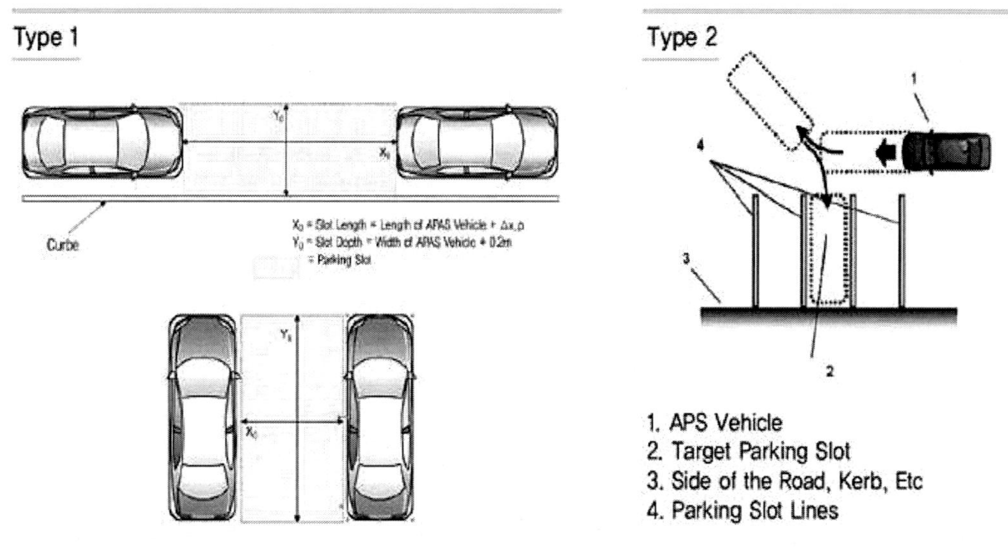

주차지원 방법 구분

조만간 원거리에서 운전자 없이 진행되는 완전 자동주차 기술을 사용하는 것이 가능할 것으로 보인다. 라스베이거스에서 진행 된 '2019 CES'에서는 다양한 자동주차 기능이 선보였다. 현대/기아차도 레벨 4수준의 자동주차 시스템을 선보였다.

현대/기아차의 컨셉을 살펴보자. '운전자 없이 운행하는 자율주행차가 목적지에 도착한다. 탑승객은 차에서 내려 스마트폰 어플리케이션을 통해 자동차에게 주차를 명령한다. 자동차는 스스로 건물 안으로 들어가 빈 공간을 찾고 주차한다. 건물 내에서 볼일을 마친 탑승객이 자동차를 호출하면 자율주행차는 탑승객의 위치를 파악하고 이동해 탑승객을 태운다.'

현대차그룹이 개발 중인 자율 발레파킹 시스템은 주차와 출차를 대신해주는 발레파킹 서비스를 자율주행과 접목한 시스템이다. 물론 운전자는 없다. 자율주행차가 스스로 발레파킹 서비스를 지원하는 개념이다. '미국 자동차 기술자협회(SAE)'가 규정한 레벨4 이상(운전자의 간섭 없이 자율주행이 가능한 완전한 자율주행)의 자율주행 시스템을 갖춘 자동차가 양산되는 시대에 맞춰 개발 중인 주차 시스템이다. 자동차는 탑승객을 목적지에 내려주고 주차장을 찾아 스스로 주차까지 진행하게 되는데, 이 모든 과정은 자동차와 주차장을 관리하는 관제 시스템, 운전자간의 지속적인 통신으로 이뤄진다.

자율 발레파킹 시스템이 실현되기 위해서는 자동차에 레벨4 이상의 자율주행 시스템이 탑재돼야 하며, 주차 관리 시스템(관제 인프라), 정밀지도, 텔레메틱스, 고정밀 실내 측위

등의 기술 융복합도 필수다. 현대·기아차는 자율 발레파킹 시스템 개발을 위해 관련 기술을 가진 기업과 협업하며 연구개발을 진행하고 있다.

자율 발레파킹 시스템은 현재 실외 주차장에서 적용 가능한 단계의 연구개발이 진행되고 있다. 향후 GPS 감지, 실내 환경 인식 등이 어려운 실내 환경에서의 적용하는 단계로 점차 시스템 고도화를 이룰 전망이다. 현대·기아차가 완전 자율주행 차량 출시를 목표로 하는 2025~2026년 이후, 완전 자율주행 차량이 상용화되는 시점이면 자율 발레파킹 시스템이 양산차에 적용될 것으로 예상된다.[23]

자동주차 시뮬레이션, 출처: 현대자동차

(2) 크루즈 컨트롤의 진화

크루즈 컨트롤이란 일정 속도까지 차량을 가속한 이후 작동 시 가속 페달을 밟지 않아도 지정된 속도로 차를 주행할 수 있는 기능이다.

인공지능의 발달과 함께 가장 눈부시게 발전하는 기능이 크루즈 컨트롤 기능이다. 최근에는 능동적으로 속도를 높이거나 줄이면서 달리는 수준까지 올라왔는데, 이를 스마트 크루즈 컨트롤 이라고 한다. 최근 센서와 중앙처리장치의 용량이 늘어남에 따라 스마트 컨트롤의 기능도 진화 하고 있다. 기존의 스마트 크루즈 컨트롤 기술에 GPS의 기능을 더해 표지판을 인식하여 속도를 조절하고 차선을 변경해 앞차를 추월할 수 있는 수준까지 도달하였다. 아직까지는 자율주행 자동차 개발을 위한 실험단계에 있지만 조만간 이 기능을 만나볼 수 있을 것이다.[24]

---

23) 자율주행 시대의 주차는 어떻게 할까?, 현대자동차그룹, 2018.12.28
24) 출처 : http://blog.naver.com/autolog/220675952585

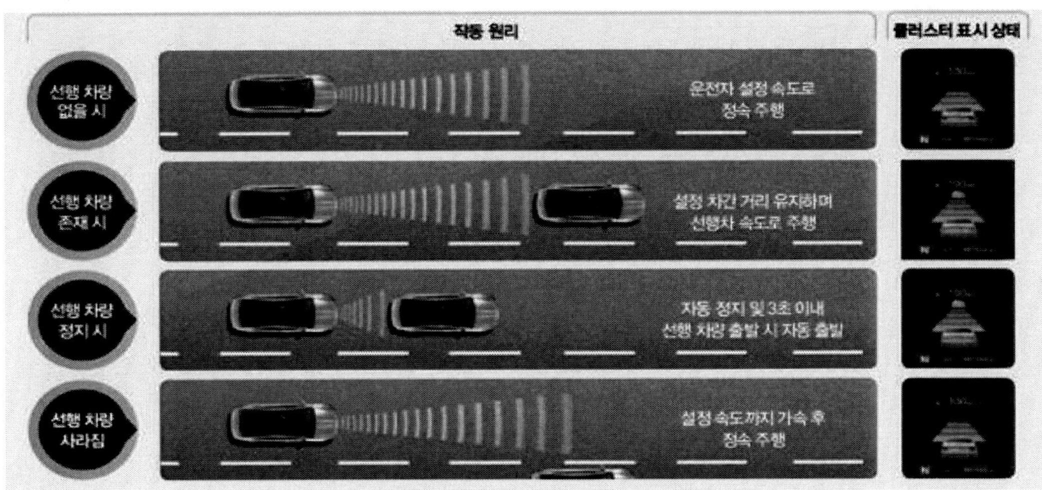

크루즈 컨트롤 작동 원리

요즘 출시되는 차량에 적용되는 SCC의 경우 앞차와의 간격을 체크하며 앞차가 멈추면 따라 멈췄다가 다시 출발하는 '스탑앤고(Stop & Go)' 기능이 포함되는데 이를 어드밴스드 스마트 크루즈 컨트롤(ASCC, Advanced Smart Cruise Control)이라고 한다. 크루즈 컨트롤에서 진화한 스마트크루즈 컨트롤 시스템의 작동원리는 주행 중 차량의 전방에 장착된 레이더가 선행 차량을 감지하여 운전자가 설정한 거리제어 범위 내로 들어왔을 때, 운전자가 브레이크 페달을 밟지 않더라도 엔진과 브레이크를 제어하여 안전하게 감속시켜 선행차량과의 안전거리를 유지해 주며, 선행차량을 피해 차선을 변경하거나, 선행차량이 없는 상태가 되면 최초 설정된 속도로 다시 가속 후 정속주행 상태를 유지하는 것이다. 앞서 가는 차량이 없는 상태에서는 설정된 속도를 유지하는 기존의 크루즈 컨트롤 시스템 과 동일 하지만, 선행 차량을 감지하여 차간거리를 유지하고, 선행차가 빠져나가면 정속 주행상태로 복귀하는 것이 차이점이다[25].

아반테의 스마트크루즈 가동 모습, 출처: 현대자동차

25) 출처 : 기아자동차

고속도로 주행 보조 시스템(HDA, Highway Driving Assist)은 고속도로에서 차간거리와 차선 이탈방지를 통합해 제어해주는 시스템이다. 앞서 소개한 SCC와 차선 이탈 방지 시스템이 통합된 기능인데 고속도로에서 활용된다. 고속도로에서 차간 거리 유지와 가감속, 차선 이탈 감지 기능이 동시에 작동하기 때문에 운전이 훨씬 수월해지며, 뒷좌석에 탄 아이들의 상태를 잠깐 살핀다거나 할 때도 유용하다. 과속 단속 카메라가 등장하면 스스로 속도를 조절하기도 한다. 최근 출시된 차량들의 SCC기술 진화는 가속화 되어 앞에 달리는 차가 없더라도 심하게 굽은 길이 나올 때는 휘어진 정도에 맞춰 자동으로 속도를 낮춰주고, 주행 중 도로의 제한속도가 바뀐 상황에도 반응해 더욱 안전한 주행이 가능하게 한다. [26]

26) 알면서도 안 썼던 내 차의 첨단기능, 현대자동차. 2018.07.26

Ⅲ. 자율주행(인공지능)기술의 동향 및 전망

1. 산업 전반 개요

자율주행차와 인공지능 기술 분야는 최근 몇 년 사이 비약적인 진전을 이루었으며, 2025~2026년을 기점으로 큰 변화의 물결이 예상되고 있다. 전 세계적으로 기술 개발 경쟁이 가속화되고 있고, 일부 지역에서는 상용 서비스의 시작도 목격되고 있다. 이 절에서는 주요 플레이어들의 동향과 현재 기술 수준, 그리고 향후 전망을 살펴본다.

우선 글로벌 자율주행 기술 경쟁을 선도하는 기업으로 알파벳(구글) 산하의 Waymo(웨이모)를 들 수 있다. 웨이모는 업계에서 가장 오랜 기간 자율주행 연구를 지속해왔으며, 미국 애리조나 피닉스에서 세계 최초의 공개 로보택시 서비스를 시작한 바 있다. 2025년 현재 웨이모는 샌프란시스코, 로스앤젤레스, 피닉스 등 미국 5개 도시에서 안전요원 없이 운행되는 완전 무인 로보택시를 운영 중이다. 매주 약 수십만 건 이상의 승차 서비스를 제공하고 있으며, 2025년 한 해에만 누적 1,400만 건 이상의 승차 기록을 달성했다. 웨이모는 이러한 성과를 바탕으로 2026년까지 전세계 25개 이상 도시에 서비스 진출을 계획하며 공격적으로 확장 중이다. 실제 웨이모의 무인택시를 타본 이용자들은 "미래를 먼저 경험했다"는 반응을 보일 정도로 기술 완성도가 높다는 평가다.

중국 역시 정부의 강력한 지원 아래 자율주행 기술이 빠르게 발전하고 있다. 중국의 IT 공룡 바이두(Baidu)가 주도하는 Apollo(아폴로) 프로젝트는 개방형 자율주행 플랫폼으로 수백 개 기업이 참여하고 있다. 바이두의 자율주행 서비스인 Apollo Go는 베이징, 상하이, 광저우, 우한 등 10여 개 도시에서 시범 서비스를 운영하면서 이미 누적 1,100만 건 이상의 로보택시 탑승 서비스를 제공했다. 특히 2025년 발표된 6세대 자율주행 차량은 차량 한 대 비용이 약 2만8천 달러(한화 약 3천만 원) 수준으로, 고가의 센서를 다수 장착한 웨이모 차량 대비 1/7 수준 비용으로 알려졌다. 이는 중국 업체들이 비용 절감과 양산화 측면에서 빠르게 혁신하고 있음을 보여준다. 기술 측면에서도 바이두, 샤오미 등은 고정밀 지도 구축, 차량용 AI칩 개발 등 분야에서 독자 생태계를 키우고 있어, 세계 시장에서 중국의 존재감이 커질 전망이다.

미국의 전통 자동차 제조사들도 적극 가세하고 있다. GM(제너럴모터스)의 자회사였던 Cruise(크루즈)는 2010년대 후반부터 샌프란시스코에서 자율주행 택시 실험을 해왔고, 한때 수십억 달러의 투자를 유치하며 웨이모의 강력한 경쟁자로 부상했다. 실제 2023년에는 샌프란시스코 시내에서 일반인을 대상으로 하는 로보택시 서비스를 개시하기도 했다. 그러나 2023년 말 발생한 크루즈 차량의 보행자 중상 사고와 그에 따른 규제 기관의 운행 정지 명령은, 자율주행의 안전성과 신뢰 확보가 얼마나 어려운지 단적으로 보여주었다. 결국 GM은 2024년 들어 Cruise 사업을 잠정 중단하고 전략을 재고하는 수순

을 밟았다. 이 사례는 기술 선도 기업도 사고 한 번에 사업 지속이 위태로워질 수 있다는 점을 보여주며, 자율주행차 상용화의 난관을 시사한다. 다만 다른 완성차 업체들은 경로를 달리하고 있다. 포드(Ford)와 폭스바겐(VW)이 공동 투자했던 자율주행 스타트업 Argo AI는 2022년 경영난으로 문을 닫았지만, 포드와 GM은 그 후로 상용 트럭 자율주행이나 ADAS 기능 강화 등 보다 실용적인 분야에 투자를 돌리는 모습이다. 메르세데스-벤츠는 테슬라나 웨이모와 다른 길을 선택했는데, 현재까지 양산차 중 유일하게 Level 3 자율주행 인증을 받아 2025년부터 독일 아우토반 전 구간에서 최대 시속 95km로 조건부 자율주행 기능을 제공하고 있다. 이 기능은 Drive Pilot이라는 옵션 패키지로 약 6천 유로의 고가임에도 불구하고, 세계 최초로 운전자가 눈을 완전히 도로에서 떼고 차량에 책임을 맡길 수 있는 상용 기술이라는 점에서 큰 의미를 가진다. 다만 작동 조건이 엄격히 제한되고 비용이 높아 아직 대중화되지는 못했다.

자율주행 기술 흐름에서 빼놓을 수 없는 존재가 테슬라(Tesla)다. 테슬라는 현재 전 세계에서 자율주행 소프트웨어를 가장 많은 차량에 배포한 회사로, 수십만 대의 차량이 Autopilot과 FSD(Full Self-Driving) 베타 소프트웨어를 통해 도로 데이터를 수집하고 있다. 기술적으로 테슬라의 접근은 레이더나 라이다 없이 카메라만으로 자율주행을 구현하려는 독자 노선으로 주목받았다. 방대한 영상 데이터와 추론용 슈퍼컴퓨터(Dojo 등)를 활용해 Vision Only 기반의 AI 운전자 개발을 추진해왔으며, 2025년 말에는 한국을 포함한 7개국에 운전자 감독 하의 FSD 베타를 배포했다. 일론 머스크 테슬라 CEO는 2026년경에는 감독 없는 완전 FSD 출시를 공언하고 있으나, 그간 수차례 장담이 지연된 전례와 기술적 난제들을 고려하면 업계에서는 이를 신중히 지켜보는 분위기다. 테슬라의 현행 FSD는 Level 2+ 수준으로 운전 보조의 한계를 벗어나지 못하고 있지만, 꾸준한 소프트웨어 업데이트와 50억 마일 이상 누적 주행 데이터를 바탕으로 성능을 개선 중이다. 궁극적으로 테슬라는 자사가 판매한 차량들을 소프트웨어 업데이트만으로 자율주행 로보택시로 전환할 수 있다는 비전을 제시하고 있어, 향후 결과에 귀추가 주목된다.

한편 많은 전문가들은 완전 자율주행 승용차보다 자율주행 트럭이나 셔틀이 상용화의 선봉장이 될 것으로 보고 있다. 기술적으로 고속도로 화물운송은 보행자가 없고 도로 환경이 비교적 단순하며, 경제적으로도 장거리 트럭 운전 인력난 해소와 물류 효율 향상이라는 명확한 이점이 있기 때문이다. 실제로 미국에서는 2024~2025년에 걸쳐 자율주행 화물트럭의 시범 운영이 본격화되었다. 스타트업 투심플(TuSimple), 오로라(Aurora), 웨이모 바이아(Waymo Via) 등이 텍사스, 애리조나 등의 주에서 고속도로 구간을 부분 무인 운행하는 트럭을 테스트하고 있다. 일부 노선에서는 화물을 실제로 싣고 운전자 없이 주행한 사례도 보고되었다. 이러한 추세에 맞춰 미국 20여 개 주가 자율주행 트럭 상용 운행을 허용하거나 법제를 정비했으며, 유럽과 중국도 물류 분야 자율주행 파일럿 프로그램을 운영 중이다. 2025년은 자율주행 트럭이 파일럿 단계를 넘어 상업 운행을 시작

하는 전환점이 될 것으로 전망된다. 이는 자율주행 기술이 일반 소비자보다는 B2B 시장에서 먼저 경제성을 입증하며 확산될 수 있음을 의미한다.

2. 자율 주행차 산업 현황[27]

자율주행자동차는 기존 자동차에 비하여 교통사고를 감소시키고 이동의 효율성과 편의성을 증대시킬 수 있다는 점에서 세계 각국에서 자율주행자동차를 상용화하기 위한 계획을 수립 및 추진 중이다.

최근 자율주행자동차 기술은 R&D보다는 상용화 및 제품 생산을 중점으로 개발 속도가 가속화되고 있다. 이에 따라, 자동차 업체와 ICT 업체 등 기업의 사업 영역과 국적을 불문하고 자율주행 관련 프로그램 공동 참여 및 기술 제휴, 기업들의 인수합병 등이 급격하게 증가하고 있는 추세이다. 글로벌 시장업체인 Navigant Research에서 발간한 보고서에 따르면, 2018년 자율주행자동차 기업 경쟁력에서 GM, Waymo, Daimler-Bosch, Ford, Volkswagen Group, BMW-Intel-FCA, Aptiv, Renault-Nissan이 선두그룹으로 평가되고 있다.

자율주행자동차 기업 경쟁력 비교(2018년 vs 2017년)

년도별	선두업체	경쟁업체	도전업체
2018년	GM, Waymo, Daimler-Bosch, Ford, Volkswagen Group, BMW-Intel-FCA, Aptiv, Renault-Nissan	Volvo/Zenuity, PSA, Jaguar Land Rover, Toyota, Navya, Baidu-BASIC, Hyundai Motor Group	Honda, Apple, Uber, Tesla
2019년	Ford, GM, Renault-Nissan, Daimler	Volkswagen Group, BMW, Waymo, Volvo/Autoliv/Zenuity, Delphi, Hyundai Motor Group, PSA, Tesla, Toyota, ZF	Honda, Uber, nuTonomy, Baidu

일부 업체들은 Level 3 수준의 자율 주행 기술을 도입하는 것을 건너뛰고, 2025년 이후 완전한 Level 5 기능을 사용할 수 있을 것으로 예상된다.

현재 자동차 업계는 Level 5 수준의 자율주행 자동차를 위하여 하드웨어와 소프트웨어

27) 자율주행차, 과학기술일자리진흥원. 2018.12.12

개발에 집중하고 있다. 높은 수준의 자동화 지원을 위한 모든 첨단 운전자 보조 시스템(ADAS) 센서를 가지는 자동차의 제조가 진행되고 있다. 자동차 산업의 제품 주기가 점점 짧아질 것으로 예상되므로 자율주행 솔루션에 대한 성공적인 비즈니스 모델은 수요에 초점을 맞춘 차량용 소프트웨어 업그레이드 솔루션(OTA, Over The Air)과 자동 Steering wheel 조작 및 주차 기술 등이 주목받고 있다.

자율주행 업체 로드맵, 출처: Frost & Sullivan

자율주행자동차 관련 업체들은 서비스로서 자율주행자동차를 기대하고 있으며, 기존 자동차 판매뿐만 아니라 자율주행자동차가 향후 주요 수익원이 될 것으로 예측하고 있다. 현재 Level 3 수준의 자율주행자동차는 기술 테스트를 위한 전환점이 될 것이며, 자동화된 기술의 대량 판매 시장인 매스 마켓을 형성할 것으로 예측하고 있다.

(1) ICT업체

① 구글

구글은 2009년부터 자율주행차 개발을 시작하였다. 2010년에는 도요타의 '프리우스'를 개조한 무인자동차 7대로 샌프란시스코에서 로스앤젤레스까지 주행하는데 성공하면서, 자율주행차 분야에서 가장 앞서있다는 평가를 받게 되었다. 그 후 2011년 6월 네바다주가 주 교통국에 자율주행차 운행허가 법규를 만들도록 하는 법안을 통과시킴으로써 세계 최초로 자율주행차 운행이 합법화됨으로써 자율주행차 개발은 더욱 더 힘을 얻게 되었다.

지난해 말 구글 모기업 알파벳의 자율주행차 부문인 웨이모는 미국 애리조나주 피닉스에서 자율주행차 서비스 '웨이모 원'을 시작했다. 구글이 자율주행차 분야를 연구한 지 약 10년 만의 성과다. 웨이모 자율주행차 앱 이용자는 우버와 리프트 등 차량 호출 서비스를 이용하듯 스마트폰으로 차량을 부르면 된다. 차량은 미국 완성차업체 클라이슬러의 미니밴 '퍼시피카'이며, 운임은 우버와 비슷한 수준이다. 서비스 초기 단계라는 점을 감안, 만일의 사태를 대비해 당분간 웨이모의 엔지니어가 운전석에 동승한다. 또한 피닉스시 주변 160km 반경으로 운행이 제한되며, 고객도 400명 정도로 한정된다. 이들은 지난해 4월부터 시범 서비스를 경험한 이용자로, 당시 지원자가 2만명에 달했다.

구글 모기업 알파벳의 자율주행차 부문 웨이모, 출처: 웨이모

웨이모는 2009년부터 자율주행차를 개발하기 시작해 캘리포니아와 애리조나, 워싱턴, 조지아 주 등에서 시범 서비스를 진행해왔다. 실제 도로 위에서의 주행 거리는 1000만 마일(약 1609만km) 이상에 달한다. 웨이모는 현재 수많은 스타트업과 완성차업체 중에 자율주행업계 리더로 손꼽힌다. 구글의 지도 데이터, 머신러닝 기술력, 풍부한 자금력 등이 밑바탕이 된 결과로 평가되고 있다. [28]

② NVIDIA

자율주행차 시대에 가장 주목받는 기업 중 하나는 누가 뭐래도 엔비디아(NVIDA)다. 사람 대신 안정적으로 운전하는 자동차를 만들기 위해서는 단순히 입력된 정보를 빠르게 처리하는 것보다는, 사람처럼 현상을 정확하게 분석하고 가장 최적화된 판단을 내리는 능력이 더 중요하기 때문이다.

엔비디아는 GPU 업계의 선두를 달리는 회사다. GPU는 Graphics Processing Unit의 약자로, 한마디로 그래픽 카드에서 CPU 역할을 하는 장치다. 다만, CPU가 데이터를 하나씩 순서대로 처리하는 방식이라면, GPU는 동시다발적으로 발생하는 정보를 한꺼번에

28) 구글 웨이모, 미국에서 자율주행 상용 택시 서비스 개시, 전자신문, 2018.12.06

처리한다. 자율주행차는 레이더와 라이더, 카메라, 센서 등에서 발생한 정보를 동시에 파악한 후 분석해야 하기 때문에 앞으로 GPU의 역할은 그만큼 더 중요지는 것이다.[29)]

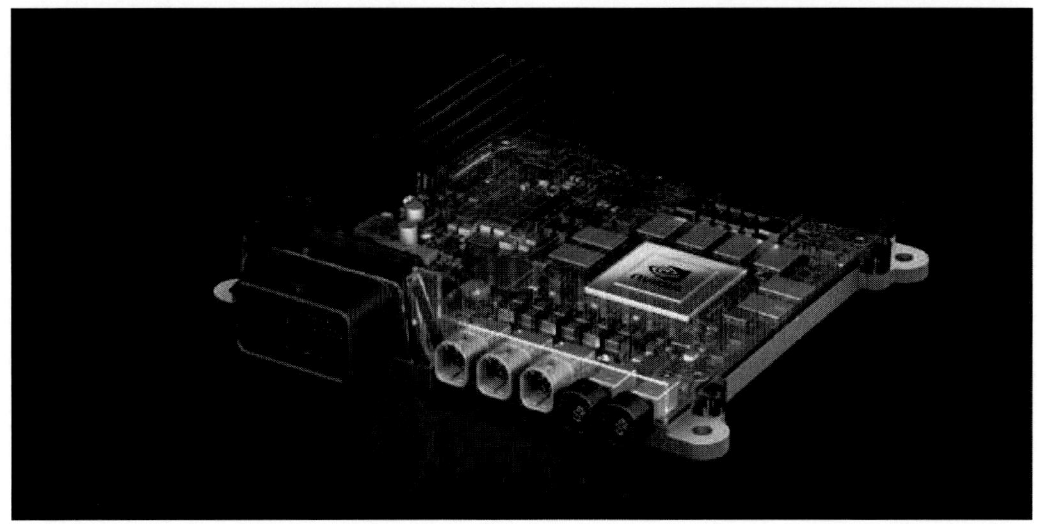

엔비디아와 보쉬가 함께 개발 예정인 인공지능 자율주행 시스템에 활용되는 엔비디아 드라이브PX, 출처: 엔비디아

최근 엔비디아는 인공지능 자율주행 컴퓨터 드라이브 PX2를 탑재한 BB8자동차를 공개하였다. 2020년 AUDI와 협력하여 완전 자율주행 SUV 인공지능 자동차 컴퓨터 'Xavier'출시 예정이다.

③ Mobileye

1999년 이스라엘에서 설립된 모빌아이는 자율주행차 핵심인 영상인식 기술 분야에서 세계 최고 기술력을 보유한 기업으로, 2017년 인텔사가 153억달러(약 17조6천억원)에 인수하면서 화제를 모았다.

29) 엔디비아를 주목해야 하는 이유. 모터그래프, 2018.01.11

모빌아이는 전세계 48개 자동차 제조회사가 적용하고 있는 첨단운전자보조장치(ADAS)의 원천 기술을 보유한 업체로, 지난해에만 24개 자동차 제조사가 모빌아이와 협력해 자율주행차 개발에 새롭게 착수할 만큼 관련 업계에서는 독보적인 기술력을 인정받고 있다. 2019년까지 델파이, 인텔과 협력을 통하여 자율주행 시스템 개발할 예정이다. 지도업체 히어와 협력하여 자율주행용 고화질 실시간 지도를 개발하고 있다.[30]

④ Uber

차량공유 서비스 업체로, 2016년 8월 자율주행 트럭을 개발한 스타트업 Otto를 인수하여, 세계 최초 상업용 자율주행 배송에 성공하였다. 볼보와 협력하여 2021년까지 완전자율주행 자동차를 공동 개발 예정이다.

⑤ Baidu

BMW와 협력하여 자율주행 시범운행을 추진하였고, 2016년 11월 중국 상용차 회사인 Foton과 자율주행트럭 프로토 타입 '슈퍼트럭'을 공개하였다.

⑥ 국내 ICT 업체

국내 업체들의 자율주행자동차 기술력은 해외 업체들에 비해 다소 뒤쳐져있으며, 특히 라이다, 레이더, 카메라 등의 핵심부품과 관련 SW의 외산 의존도가 높다. 현재 국내 업체들의 자율주행자동차 기술은 Level 2의 상태로, 향후 2020년까지 Level 3 단계 자율주행 기술의 상용화를 목표로 하고 있다.

- 삼성전자: 2016년 말 하만 인터내셔널을 인수하여 우리나라와 미국에서 자율주행자동차 시험운행에 돌입하는 등 자율주행 개발에 박차를 가하고 있다. 자율주행자동차 등 전장사업 혁신 기술 확보를 위한 오토모티브 혁신펀드(약 3억 달러)를 조성, TTTech(오스트리아 자율주행 스타트업) 투자 및 Renovo.Auto(자율주행자동차 운영체제 스타트업)와 기술협력을 추진하고 있다.
- LG전자: 국내 최초 LTE 이동통신 기반의 V2X 자율주행 기술을 개발하였으며, 퀄컴과 공동 연구소 설립 및 대규모 투자를 통하여 5G V2X 기술을 개발하고 있다.
- SK Telecom: Intel, BMW, Mobileye와 협력하여 2021년 5G 기반 완전 자율주행자동차 상용화를 목표로 하고 있다.
- 네이버: 국내 중소기업과 협력하여 도요타 개조 차량으로 자율주행 시스템을 시험하였으며, 향후 무인택시 서비스를 추진할 계획이다.

30) 세계 최고 자율주행기업 모빌아이, 매일신문, 2019.01.10

(2) 완성차 업체

① GM

자율주행 스타트업 Cruise Automation을 인수하고, 부분 자율주행 기술인 '슈퍼 크루즈'시스템을 장착했다. 향후 10년 후에 완전자율주행자동차 개발을 목표로 하고 있다. 2018년부터 자율주행 전기차 볼트를 Lyft에 공급한다.

최근에는 미국 유기농 음식·식료품 배달 서비스 도어대시(DoorDash)와 함께 자율주행차 크루즈를 이용한 배송서비스 테스트를 선보인다고 밝혔다.

② Ford

포드는 글로벌 IT업체와 제휴하여 자율주행자동차 개발에 속도를 내고 있다. 먼저, CES 2014 에서는 'Sync'을 공개하였다. 이는 마이크로소프트와 합작한 시스템으로 운전자의 음성으로 다양한 기기를 제어할 수 있다.

2020년 자율주행자동차 제조혁신센터 건립을 위하여 약 5.4조원 투입 예정이며, 미국 3개주(애리조나, 캘리포니아, 미시간)에서 자율주행 시험 진행 중으로 2021년까지 Level 5 수준의 완전자율주행자동차 생산을 목표로 하고 있다.

미국 라스베이거스에서 열린 세계 최대 기술 전시회 'CES 2019'에서 포드는 택배 전용 자율주행차를 공개했다. 배달서비스업체 '포스트메이트(Postemate)'와 협업해 선보인 택

배 전용 자율주행차는 시간과 장소에 구애받지 않고 배달 물품을 받을 수 있는 게 장점이다. 예를 들어 소비자가 주문한 제품을 자율주행 배달 차량에 넣으면, 차량이 스스로 배달을 하러 간다. 소비자는 코드를 받게 되는데 코드를 화면에 입력하면 문이 열리고 물품을 받을 수 있다.[31] 포드는 자율주행 배송서비스를 통해 사람들이 많은 시간을 절약할 수 있을 것으로 기대하고 있다. 포드는 시범 운영을 마치고 이달 21일부터 정식 출시할 예정이라고 밝혔다.

포드의 스마트모빌리티

③ 벤츠

CES 2019를 위해 점검중인 벤츠 자율주행차량 '비전 어바네틱(Vision URBANETIC)

Benz는 차량 컨트롤 부문의 특허개발에 주력하여 다수의 관련 특허를 보유하고 있다. 주로 차량 및 엔진 제어, 원격 제어, 자율주행 관련 특허들이다. 특히, 외부환경 인식에

31) 포드, 택배 전용 자율주행 배달차 공개, 이데일리, 2019.01.13

필요한 스테레오 카메라를 최초로 적용하여, 2개의 카메라와 함께 차선과 물체 인식, 요철 인식, 거리 측정 등의 다양한 기능에 활용하고 있다.

CES 2019에서 벤츠는 신형 CLA를 공개했다. 공개에 앞서 소개된 차량은 북미 최초로 공개된 EQC와 비전 어바네틱 컨셉. 두 차량은 메르세데스-벤츠의 전동화 전략의 현재와 미래를 말해주는 중요한 모델들이다. 지난 해 하노버 모터쇼를 통해 처음 공개된 메르세데스-벤츠 비전 어바네틱 컨셉은 자율주행 차량에 대한 아이디어를 상용차에 도입한 모빌리티 컨셉이다.[32]

또한 메르세데스-벤츠는 보쉬와 협업해 2019년 하반기 미국 샌프란시스코만 일대의 한 도시에서 완전 자율주행 서비스를 시험하겠다고 발표했다. 벤츠는 정해진 경로를 버스처럼 운행하는 무인 셔틀버스와 무인 차량호출 서비스를 모두 준비 중이다.

④ BMW

완전자율주행자동차 개발을 위하여 Intel, 모빌아이와 기술개발에 협력하고 있으며, 2021년까지 완전 자율주행차 생산을 계획하고 있다.

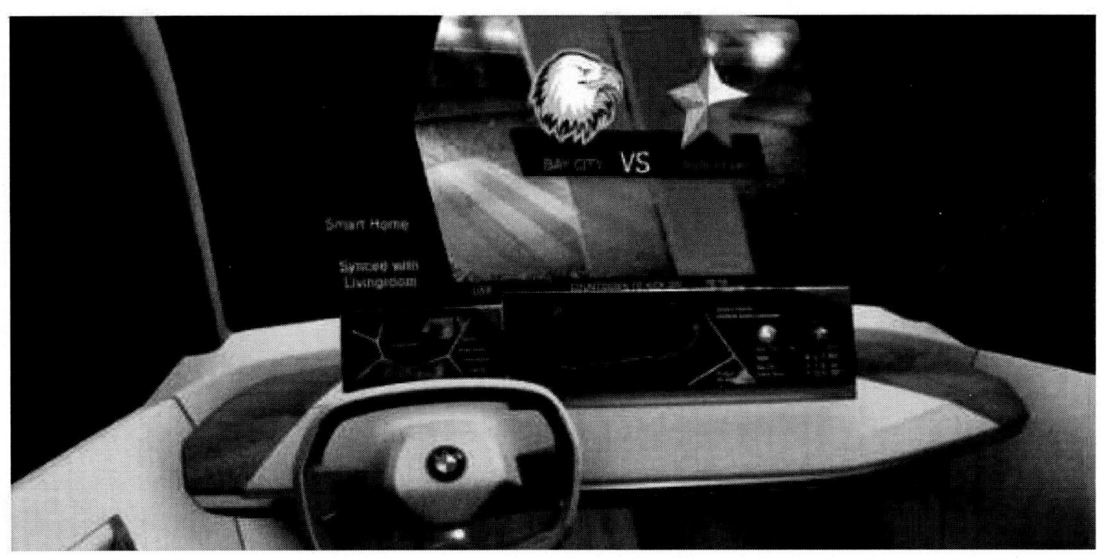

BMW I넥스트 시운전 장면, 출처:BMW

BMW는 2007년 최첨단 GPS를 개발, 한번 주행한 길을 기억하여 자율주행 할 수 있는 무인운전시스템을 선보인 바 있다. 2011년에는 무인운전시스템 CDC(Connected Drive Connect)에서는 운전자의 조작 없이도 차량 운행이 가능해졌고 독일 아우토반에서 5,000km의 주행테스트를 통과하기도 하였다. CES 2014에서는 자율주행차 2시리즈

32) 2019 CES 7신 - 메르세데스-벤츠 2세대 CLA 최초 공개, 글로벌오토뉴스, 2019.01.16

쿠페 '235i'를 공개하였는데, GPS를 이용해 실제 드라이버가 가속페달 및 브레이크, 핸들을 조작하는 상황을 고스란히 기록해 이를 그대로 재현하는 방식으로 이뤄진다. 특히 LiDAR 시스템, 360도 회전 레이다, 초음속 센서, 카메라 등을 장착해 고속 슬라럼 및 드리프트까지 할 수 있다. 이렇게 BMW는 Daimler와 함께 오랜 기간 동안 자율주행 시스템 및 운전자보조시스템을 연구해왔으며, 서킷 주행이 가능한 자동 드리프트 자동차(M235i), 자율주행차(BMW6), 다양한 운전자보조시스템을 가진 BMW7 시리즈 등을 개발하였다.

2019 CES에서 BMW는 인텔리전트 커넥티드 기술의 미래 비전을 제시했다. BMW 비전 i넥스트는 BMW의 차세대 전략인 '넘버원〉넥스트(NUMBER ONE〉 NEXT)'의 앞으로 핵심 영역으로 정의된 자율 주행, 커넥티드 기술, 전기화 및 관련 서비스 분야(D+ACES)를 결합했다. 차량 실내는 '샤이 테크(Shy Tech)'라 이름 붙여진 새로운 디자인 원칙이 적용됐다. 탑승객의 편안함을 최우선으로 하기 위해 모든 조작 버튼을 통합했다. 운전자나 탑승객이 필요할 때만 나타나 조작할 수 있도록 설계했다. 이번 전시회에서 공개된 자율주행 BMW R 1200 GS는 스스로 시동을 걸고, 가속하며, 코너를 돌고, 감속한 다음 멈춘다. [33]

⑤ 아우디

Audi가 2009년 제작한 Audi TTS(자율주행 컨셉카)는 운전자가 운전을 하지 않아도 되는 무선조종으로 움직이며 양산형 버전과 같은 2.0리터 터보차저 엔진이 장착된 스포츠카이다. 이 차량은 시속 210km의 자율주행에 성공한 바 있다. 특히, TTS는 도로상황을 감지하던 레이저나 레이더, 카메라에 의존하지 않고, GPS나 차체제어장치의 관성센서를 이용해 수집된 데이터는 고성능 컴퓨터가 처리하며, 오프로드 코너에서 드리프트로 최대한 빠른 속도로 탈출할 수 있도록 프로그래밍 되었다. 이후 Audi는 자율주행 기술 개발에 박차를 가해왔다.

2017년 7월 스페인에서 열린 '아우디 서밋'에서 세계 최초로 공개된 신형 A8은 양산차 중 세계 최초로 고도의 자율주행이 가능하도록 개발된 모델이다. 아우디 AI 트래픽 잼 파일럿(Audi AI traffic jam pilot, 정체구간 자동운전)은 양방향 차로 사이에 물리적 장벽이 설치된 고속도로 정체 구간에서 최대 속도 60km/h까지 운전을 맡는다. 중앙 콘솔에 위치한 AI 버튼을 누르면 활성화된다.[34]

여기에 트래픽 잼 파일럿은 시동, 가속, 조향, 제동을 관리하는 기능을 담당해 운전자는 더 이상 차에 계속 집중할 필요가 없어진다. 운전자는 운전대에서 손을 완전히 떼고 각

33) BMW, 직접 주행 필요 없는 미래車 비전 제시, 이데일리, 2019.01.09
34) 세계 첫 레벨 3 자율주행 '아우디 A8' 생산 현장을 가다, 오토헤럴드. 2018.10.01

국의 법규에 따라서 TV 시청 등 차에 있는 다른 기능에 집중해도 된다. 정해진 한계 속도에 도달하면 시스템이 운전자를 호출하여 주행 통제권을 넘겨준다. 기술적 관점에서 트래픽 잼 파일럿은 혁명적 기술이다. 자동운전 기능이 실행되면 중앙 운전자보조 제어기(zFAS)가 센서에서 수집한 데이터를 병합하여 차량의 주변의 이미지를 끊임없이 생산한다. 아우디는 자동차 회사 최초로 레이더 센서와 전면 카메라, 초음파 센서와 함께 레이저 스캐너도 사용한다.

아우디 A8, 출처: 아우디

아우디 AI 원격 자동주차(Audi AI remote parking pilot) 및 자동 차고입고(Audi AI remote garage pilot)는 주차 공간이나 차고에서 자동 조향으로 A8을 주차 및 출차하고 운전자는 이를 모니터링 할 수있는 기능이다. 운전자는 좌석에 앉아 있지 않아도 된다. 스마트폰에서 마이아우디(myAudi) 앱을 통해 필요한 시스템을 작동하면 된다. Audi AI 버튼을 누르고 있으면 차에 달린 360도 카메라를 통해 스마트폰으로 주차 동작을 실시간으로 살펴 볼 수 있다.

⑤ 볼보

볼보는 지난해 자율주행을 위한 ADAS(Advanced Driver Assistance System)에 엔비디아의 Drive AGX Xavier AI 컴퓨팅 시스템을 채택한다고 밝혔다. 자율주행차는 레이더와 라이더, 카메라, 센서 등에서 발생한 정보를 동시에 파악한 후 분석해야 하기 때문에 GPU의 역할이 그만큼 중요하기 때문이다. 엔비디아의 기술이 들어간 볼보의 첫 번째 자동차는 2020년에 출시될 예정이다.[35]

---

35) 볼보, 2020년 '더 완벽한 자율주행차' 출시, 모터그래프, 2018.10.15

지난해 볼보는 미래형 자율주행 전기차 '볼보 360c' 콘셉트카 개념을 선보였다. '이동수단'에 초점을 뒀던 기존 승용차 개념에서 벗어나 '휴식과 안락'이라는 새로운 개념을 적용한 것이 특징이다. 볼보 360c는 자동차이면서 사무실이자 거실, 엔터테인먼트 공간, 침실 등의 요소를 포함한 완전히 새로운 개념의 자율주행차량이다.

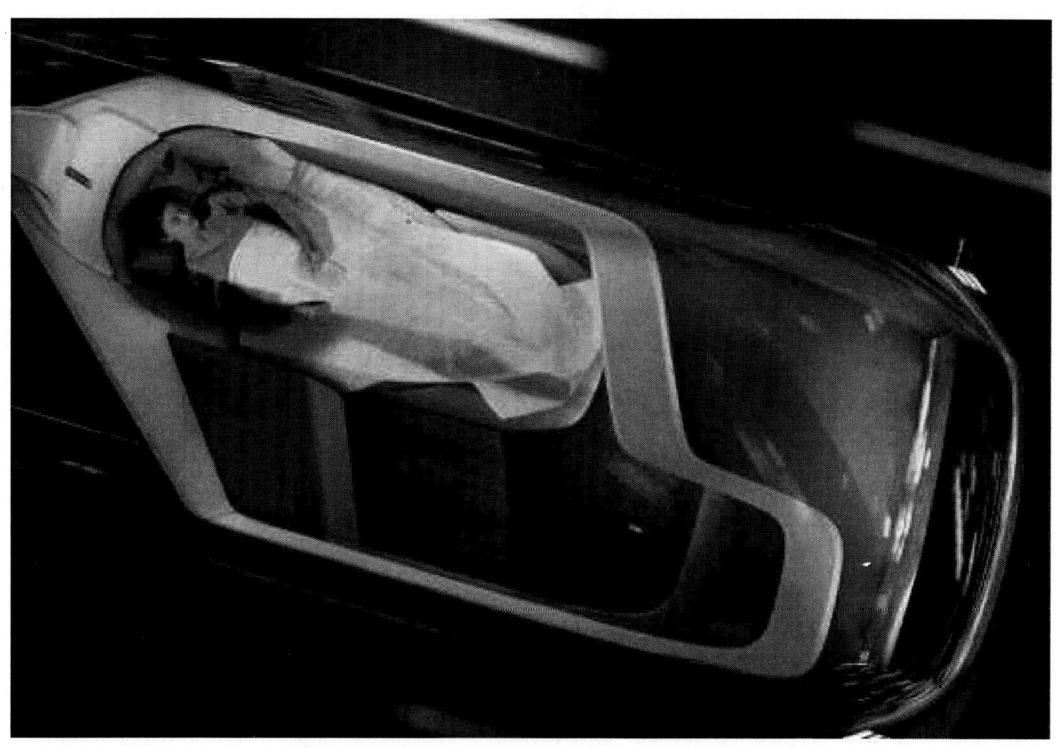

볼보의 자율주행 컨셉카 360c, 출처: 볼보

볼보는 2020년까지 일부자율주행자동차를 출시할 예정이며, 2021년까지 완전 자율주행 자동차 개발을 목표로 하고 있다. 2021년에는 자율주행차 판매를 시작해 2025년까지 운전자 없는 완전 자율 주행이 가능한 모델을 개발할 방침이다.

⑥ 도요타, 닛산

일본의 대표적 자동차회사인 도요타, 닛산은 2012년부터 적극적인 지원을 아끼지 않은 일본 정부의 지원으로 자율주행시스템 개발에 막차를 가하고 있다.

먼저, 도요타는 우버의 투자자로 참여 및 NVIDA와 인공지능(AI) 기술 제휴 등 2020년 Level 4 수준의 자율주행 스마트카를 목표로 하고 있다.

지난 2019 CES에서는 토요타가 사람과 시스템의 보완을 통한 안전한 자율주행 시스템 'TRI-P4'를 2020년 양산에 돌입한다고 밝혔다. TRI-P4는 토요타 안전시스템 '가디언'

솔루션을 적용, 주행보다 안전에 중점을 두고 있다. TRI-P4는 기존 P3 시스템보다 측면 카메라 2개를 보완하고, 고성능 컴퓨터 패키징을 새롭게 했다. 이날 토요타가 공개한 TRI-P4 시스템이 적용된 렉서스 LS500h 차량은 8개 라이다(Lidar), 10개 레이다(Radar), 12개 카메라가 장착돼 360도를 완벽히 센싱한다. 기술적으로 운전자보조시스템(ADAS)에 해당하는 레벨2부터 완전 자율주행인 레벨4까지 소화할 수 있다.TRI-P4는 '토요타 쇼퍼(Toyota chauffer)'와 '토요타 가디언(Toyota Guardian)' 기술이 적용됐다. 특히 가디언은 레벨4·5 완전 자율주행차의 최소한의 사고 위험을 방지하는 역할을 한다. 토요타는 가디언 시스템을 운전자를 보조하는 개념에서 발전된 형태로 개발하고 있다.[36]

Nissan은 시내자율주행자동차(2020년), 완전자율주행자동차(2022년 이후) 개발을 목표로 하고 있으며, 2017년 3월에 자율주행 프로토타입 차량의 실제 테스트에서 선보인 프로파일럿(ProPILOT, 단일차선 자율주행 가능)을 신형 캐시카이(Qashqai) 및 리프(LEAF)에 탑재 예정이다.

닛산 IMs콘셉트 세단, 출처: 닛산

닛산은 2019년 초 '2019 디트로이트 모터쇼'에서 전기동력 스포츠 세단 'IMs 콘셉트'를 공개했다. IMs 콘셉트 조종간에는 계기판을 중심으로 좌우측이 모두 스크린으로 구성되어 있는 모습이다. 차량 정보부터 위성 네비게이션, 공조 시스템과 인포테인먼트 시스템까지 모두 해당 스크린으로 조작하는 방식이다. 당연하게도 완전자율주행 기능은 포함되게 되며, 자율주행모드로 변환하는 경우 운전석 스티어링 힐은 데쉬보드 안으로 사라지게 되어 있다.

---

36) 토요타, 2020년 레벨4 자율주행 시스템 'TRI-P4' 양산, 전자신문. 2019.01.08

⑤ 테슬라

테슬라는 전기자동차만 전문으로 만든다. 2008년에 첫 제품으로 전기 스포츠카인 '로드스터'를 만들었고, 이후 프리미엄 세단 '모델S'를 만들어 판매하고 있다.

'테슬라'는 2016년 5월 자사 전기자동차의 운전자가 '오토파일럿(Autopilot)' 모드에서 사망한 사고를 계기로 오토파일럿의 작동 방식을 대폭 바꿨다. 오토파일럿은 전방 카메라와 레이더, 차량 둘레에 있는 12개 초음파 센서로 차량을 조종하고 속도를 조절한다. 외신에 따르면, 지금까지는 카메라가 오토파일럿 기능의 주된 정보 원천이었다. 레이더는 2014년 10월부터 테슬라 차량에 탑재됐지만 카메라와 이미지 처리 기술의 보조 역할만 했다. 이번 업그레이드 버전은 10분의 1초마다 레이더를 발사해 3차원 영상을 얻는 등 사물 식별 기능을 개선했다. '엘런 머스크' 테슬라 CEO는 궁극적으로 일반 자동차보다 안전성을 3배 높일 계획을 세워놓고 있다. [37] 하지만 연이은 테슬라 자율주행관련 운전자, 보행자 사망사고로 안정성에 오점을 남기고 있다.

테슬라 오토파일럿을 이용한 시험 운전 모습, 출처: 테슬라

그러한 우려와 오점을 씻어내기 위해 신모델의 안정성 확보에 애를 쓰고 있다. 새로 공개한 테슬라 모델 S는 차로의 중심에서 조금이라도 벗어나려 하면 운전대 조향에 개입하기 시작한다. 오토파일럿 기능을 활성화하면 시스템이 매순간 아주 미세하게라도 스티어링 휠을 조작하고 있음이 손끝에 느껴진다. 사람이 직접 운전할 때보다 더 약하고 세밀한 힘으로 끊임없이 방향을 수정한다. 반자율 주행 모드에서 모델 S는 어느 한 쪽 차선으로 쏠리는 기색이 전혀 없기에 운전자가 느끼는 신뢰감은 더 높다. 내연 기관과 달

37) 네이버 지식백과

리 전기모터 고유의 토크 특성과 회생 제동 에너지 생성이 맞물려 앞 차와의 거리 확보를 위해 가감속 하는 동작 또한 매우 자연스럽다.

주행거리가 늘어나고 가격이 저렴해진 신형 전기차의 등장 보다는 관련 산업의 패러다임 변화에 주목해야 한다. 테슬라는 결국 전기차를 기반으로 한 자율주행차 시대의 강자가 되겠다는 점을 명확히 한다. 새로운 게임을 룰을 만들어 벤츠나 GM 같은 기존 자동차 업계의 강자를 상대하겠다는 전략이다.

⑥ 현대자동차·기아자동차

현대자동차그룹이 2020년부터 특정 환경에서 자율주행이 가능한 자동차 양산에 들어간다. 현대차그룹은 올해 주요 계열사별 차량, 부품, 고정밀지도(HD맵) 등 개발을 끝내고, 외부 업체와 솔루션 개발 협력도 마무리하기로 했다. 정부 역시 2020년 레벨3 자율주행차 상용화를 위해 법안과 안전 기준을 마련한다. [38]

우선 현대차와 현대모비스는 올해 자율주행 차량 전용 플랫폼을 완성한다. 현대모비스는 단·중·장거리 레이더, 차량사물통신(V2X) 모듈, 카메라·센서 이용 조향시스템 등을 개발한다. 현대엠엔소프트는 올 상반기까지 전국 자동차 전용도로·고속도로 1만6000㎞ HD맵 구축을 끝낸다. 현대·기아차는 자율주행 프로젝트를 총괄하면서 전용 차량 개발을 맡고 있다.

현대차그룹은 2015년부터 레벨2 수준 부분자율주행 기술을 양산차에 적용하면서 R&D와 양산 간 시간차를 좁혀 왔다. 당시 제네시스 EQ900에 처음으로 고속도로주행지원(HDA)을 적용했고, 2018년 ADAS 맵을 적용한 '내비게이션 기반 스마트크루즈콘트롤'(NSCC)도 양산차에 적용했다. 또 올해는 레벨2와 레벨3 경계선에 위치한 HDA2를 양산한다. 2020년에는 레벨3 자율주행차 양산, 미국 자율주행 솔루션 스타트업 오로라와 공동 개발하는 레벨4 자율주행차는 2021년 이후로 예정돼 있다.

업계 관계자는 "레벨2에서 레벨3로 넘어가기 위해서는 HD맵, 통신망 등 정보기술(IT) 접목이 필수다. 현대차그룹은 외부 업체와 협력해 왔고, 내년이면 양산에 적용할 수 있다"면서 "일본의 경우 2020년 도쿄올림픽 개최에 맞춰 레벨3 자율주행차 상용화를 위해 정부가 도로교통법을 개정하고, 업체들이 양산 체제로 전환하는 것에 뒤처지지 않기 위한 움직임"이라고 말했다. 국토교통부는 2020년 레벨3 자율주행 상용화를 위한 '자율차 상용화 촉진·지원법'을 준비하고 있다. 레벨3 자율주행차 운행이 가능하도록 고속도로 중심으로 운행 환경을 개선해 법규를 개정하고, 지방자치단체와 함께 실증 지구를 지정해 규제 샌드박스(신산업 규제 유예)를 도입할 방침이다.

---

38) 현대차 레벨3 자율차 2020년 양산계획 확정, 전자신문. 2019.01.01

현대차 아이오닉 EV 자율주행차 기술 시연, 출처: 현대차

기아자동차는 2019년 초 CES에 '사람의 감정에 대응하는 자율주행' 솔루션을 공개했다. 기아차의 '실시간 감정반응 제어(Real-time Emotion Adaptive Driving) 'R.E.A.D. 시스템'은 운전자 생체신호를 자동차가 인식, 탑승객이 느끼는 차 안의 환경을 통합 제어해 실내공간을 최적화하는 세계 최초의 기술이다. 인공지능(AI)의 머신 러닝 기술과 고도화된 카메라 및 각종 센서 그리고 차 제어 기술을 융합한 결과물이다.[39]

협업은 미국 메사추세츠공과대학교(MIT) 미디어랩 산하 어펙티브 컴퓨팅그룹과 했다. 사람이 자율주행차에 오른 순간부터 가속과 감속, 진동, 소음 등 다양한 주행환경과 실내외 환경조건 속에서 탑승객 생체정보 및 감정 상태를 차가 스스로 학습한다. 각종 생체정보는 차 내 카메라와 센서를 통해 받아들이고, 여러 정보를 기반으로 머신러닝이 탑승객의 감정 상태를 파악한다. 이를 기반으로 음악과 온도, 조명과 진동, 향기 등을 통합 제어해 최적화한 실내 환경을 운전자에게 능동적으로 제공하는 게 핵심이다.

R.E.A.D. 시스템은 레벨3~4 자율주행차를 기반으로 한다. 운전자가 직접 스티어링 휠을 잡고 운전할 수도 있고, 자율주행 모드를 활성화하면 스스로 목적지까지 이동할 수 있다. 통상 레벨3 자율주행차는 운전자가 모드를 고를 수 있는 게 일반적이다. R.E.A.D. 시스템은 여기서 더 나아가 운전자 상태를 파악하고 스스로 자율주행 모드를 활성화할 수 있다. 스티어링 휠을 잡은 상태에서 수초간 눈을 감고 있으면 운전자가 몹시 피곤하거나 건강 상에 문제가 있다고 판단해 자동차 스스로 자율주행 모드로 변환한다. 동시에 운전자를 포함해 탑승자가 휴식할 수 있도록 시트가 스스로 기울어 편안한 자세를 유도한다. 완성차업체들이 선언한 자율주행차의 양산화시점이 불과 몇 년 앞으로 다가왔다.

39) 기아차의 감성 자율주행을 체험하다, 오토타임즈, 2019.01.14

2019 CES 기아차 부스, R.E.A.D 시험 모듈, 출처: 기아차

지금까지 자동차업계에서 소개한 자율주행기술의 대부분은 주행과 관련된 기능적 측면에 머물렀던 게 사실이다. 그러나 기아차는 자율주행차가 사람에게 얼마나 친밀하고 어색함 없이 다가갈 수 있는 지에 대한 답을 제시했다.

(3) 부품업체

① 보쉬

2020년 자율주행차 상용화에 대비해 초음파 센서와 카메라 센서가 핵심을 이루는 방식으로 두 가지 센서에서 수집한 정보를 차량 제어에 이용한다고 한다. 이 외의 세부적인 기술은 정확하게 공개되지는 않았으나 테슬라 모델 S에 자체 개발한 부품, 소프트웨어를 사용하여 시연할 것으로 예상되고 있다.

보쉬는 지난 'CES 2019 컨퍼런스 데이'에서 통합 서비스 기능을 갖춘 '무인 전기 셔틀' 콘셉트와 MaaS 솔루션을 공개했다. 보쉬는 10년 안으로 24시간 운행하는 차량 중 대부분이 전기화와 완전 자율주행이 가능할 것으로 전망했다. 보쉬의 무인 전기 셔틀 역시 전기 파워트레인과 360도 서라운드 센싱 시스템을 갖추고 있다. 배터리 전력이 떨어지면 스스로 충전하는 기능과 목적지까지 사고 없이 주행할 수 있는 기술이 적용됐다. 또 스마트폰 애플리케이션으로 2시간 예약, 공유 등을 할 수 있는 서비스도 준비 중이다.

보쉬의 무인 전기 셔틀 컨셉카, 출처: 보쉬

마르쿠스 하인 보쉬그룹 부회장은 “무인 전기 셔틀은 최대한 배출가스와 사고가 없고, 스트레스가 없는 모빌리티에 대한 우리의 비전을 설명해 줄 것”이라며 “미래에 도로 위의 모든 차량은 보쉬 디지털 서비스를 사용하게 될 것이고, 디지털 서비스를 스마트하고 매끄럽게 커넥티드 되는 생태계에 통합시킬 것”이라고 말했다.[40]

② 컨티넨탈

세계적인 기술 기업인 컨티넨탈은 어댑티브 크루즈 컨트롤, 비상 제동 보조 장치 등 운전자 보조 시스템에 주력하고 있는 업체이다. 자율주행기술 개발의 대규모 프로젝트를 수행하고 있어 연 1억 유로 투자, 1,300명 정도의 엔지니어가 기술 개발에 힘쓰고 있다. 2013년에는 IBM과 협력, BMW와 공동프로젝트를 가동하기도 하였다.

컨티넨탈의 기술은 다양한 주행상황에서 카메라 및 적외선 레이더 시스템 등을 사용해 자동차 주변 환경을 기록하고 운전자에게 경고를 하거나 보조해 운전자의 부담을 주고 있다. 또한, 4개의 단거리 레이더 센서, 1개 장거리 레이더와 스테레오카메라를 사용해 고속도로를 순조롭게 주행할 수 있을 뿐만 아니라 교통체증이 심한 상황에서도 주행이 가능하며, 다양한 주행 시나리오를 수용하고 있다. 이를 바탕으로 2020년 완전 자율주행차를 실현하고, 2025년에는 양산을 목표로 하고 있다.

콘티넨탈은 지난 CES 2019에서 자율주행 셔틀과 로봇을 이용한 차세대 배송 시스템을 공개했다. 콘티넨탈 자율주행 셔틀 '큐브(CUBE)'는 스스로 최종 목적지 주소까지 물건을 이동시켜주면 '캐스케이딩 로봇'이 집 앞 또는 우편함까지 전달을 완료해준다. 사람 통제가 전혀 없이 34시간 배송이 가능한 시스템으로, 미래 물류·운송 시장에 큰 변화를 줄 것으로 보인다.

---

40) 자율주행 셔틀에 빠진 車 부품사…“새판 주도권 경쟁”, 전자신문, 2019.01.08

콘티넨탈 캐스케이딩 로봇 배송, 자율주행 셔틀 큐브, 출처: 콘티넨탈

콘티넨탈 '캐스케이딩 로봇 배송'은 자율주행, 인공지능(AI), 로봇 등 4차 산업혁명 주요 기술이 융합된 시스템이다. 자율주행 셔틀 큐브는 카메라, 레이더, 라이다가 360도를 센싱한다. 캐스케이딩 로봇은 개를 닮은 형상으로, 네발로 걷거나 계단을 오르내릴 수 있다.

3. 시장 경쟁 상황

자율주행자동차 기술력 수준을 비교해 보자면, 미국의 SW회사인 Waymo를 선두로 독일의 다임러 3위, 일본의 Toyota 9위, 한국은 현대자동차가 12위로 평가되고 있다. 자동차 제조업체가 아닌 SW기업인 Waymo가 기술력 1위로 평가된 것이 눈에 띄는데, Waymo는 2007년부터 일반도로에서 자율주행을 시작했고 '18.5월 기준 5백만 마일을 돌파해 기술력으로 독보적 위치에 있다고 할 수 있다.[41]

자율주행자동차 기술력 순위, 자료원: Navigant Research, 2018

순위	기업	상용화시점	순위	기업	상용화시점
1	Waymo	2018	9	Toyota	2020
2	GM	2019	10	Ford	2021
3	Daimler Benz	2020	11	Volvo	2021
4	Aptiv	2018	12	Hyundai	2021
5	Zoox	2020	13	Fiat Chrysler	미정
6	Renault-Nissan	2020	14	Uber	미정
7	Volkswagen	2021	15	Tesla	2020
8	BMW	2021	16	Baidu	2021

41) 과학기술 & ICT 동향, 한국과학기술기획평가원, 2018.10.12

자율주행자동차 특허 경쟁력 부문에 있어서, 美 웨이모 약진 속 일본 업계 두각을 보이고 있다. 일본 특허분석회사 'Patent Result'가 미국에서 출원된 자율주행 기술의 특허 경쟁력을 조사한 결과 구글 웨이모가 1위, 도요타가 2위를 차지했다. 이 순위는 '18.7월 기준 미국에서 출원한 자율주행 기술 특허에 대해, 특허 권리화 의지, 경쟁사의 주목도, 심사관 인지도 항목을 수치화하는 방식으로 집계되었다. '16년 조사에서는 도요타가 1위, GM·닛산·보쉬에 이어 웨이모는 5위였으나 이번에 특허 경쟁력 종합 점수가 3배 가까이 오르면서 1위로 등극했다.

자율주행 기술 특허 경쟁력, 자료원: Patent Result

순위	국가	기업	종합점수	유효특허건수
1	미국	WAYMO	2815	318
2	일본	TOYOTA	2243	682
3	미국	GM	1811	331
4	미국	Ford	1686	484
5	일본	Nissan	1215	199
6	독일	BOSCH	1110	277
7	캐나다	MAGNA	756	86
8	일본	DENSO	656	232
9	일본	HONDA	648	257
10	독일	here	354	170

웨이모의 급상승은 인공 지능(AI) 기술 분야에서 종합 점수(2,815점)의 절반에 달하는 1,385점을 획득한 것이 주된 요인으로 보인다. 지도·위치 정보를 사용해 차량이나 사람 움직임, 교통 상황을 사람 대신 식별·판별하고 핸들과 브레이크를 자동 제어하는 핵심 역할로 AI 중요성 증대되고 있다. 최근에도 승합 차량이 탑승객 승하차를 스스로 판단하고 자전거·보행자 행동을 예측하는 안전 주행 특허('17.8월), 민감한 승객의 멀미·두통 등을 최소화하는 주행 기술('17.10월) 등을 잇따라 출원되었다. 다양한 자율주행기술에 AI를 접목하면서 정확성 향상, 효율적인 데이터 수집과 활용 등에서 경쟁사를 압도하고 있다.

일본은 도요타를 비롯해 닛산(5위), 덴소(8위), 혼다(9위) 등 Top10 순위에 4개 기업이 포함되며 우수한 기술력을 입증했다. 비록 웨이모에게 1위 자리를 내어주긴 했으나 유효특허건수 부문에서는 여전히 도요타가 682건으로 웨이모(318건)를 앞선 것으로 집계되었다. 다만 대부분 특허가 자동 브레이크와 전후 차량 간 거리 유지 같은 기본 운전지원 기술이며 센서·카메라·제어기기 등 하드웨어 기술에 치중되어 있어 AI와 같은 소프트웨

어에서 우수한 역량을 발휘한 웨이모에 뒤처진 것으로 분석된다. 이에 대응해 덴소를 중심으로 주요 부품 4개사는 '19년 자율주행 기술개발을 위한 새로운 회사를 설립하고 소프트웨어 경쟁력을 제고 할 계획이다.

현재 전 세계 자동차 업계는 자율주행자동차 시대 준비에 총력을 기울이고 있고, 특허 경쟁력 확보도 중요 과제로 떠오르고 있다. 세계적으로 자동차·부품·ICT 업계의 자율주행 기술개발이 활발히 전개되면서 센서·카메라 기술뿐 아니라 AI를 접목한 최첨단 기술이 특허출원으로 이어지는 분위기다.

AI를 활용해 자율주행 기술의 안전성·정확성을 제고한 웨이모는 자율주행 자동차 특허 경쟁력(Patent Result 조사)에서 1위를 차지하며 빠르게 성장했고, 독일도 GM·포드 등 전통의 자동차 회사와 보쉬·히어 등 부품·지도 업체가 상위권에 포진하고 있다. 일본 역시 도요타·닛산·혼다 등 주요 자동차 기업뿐 아니라 덴소와 같은 부품 기업까지 세계적 수준의 자율주행 기술 특허를 보유하고 있다.

특허 경쟁력 관련해 국내 기업으로는 현대자동차가 유일하게 35위에 랭크되었다. 우리 정부도 '20년 자율주행자동차 레벨3(필요 시 운전자 개입) 상용화를 목표로 기술개발 지원, 인프라 구축, 제도개선 등을 큰 틀로 삼고 다양한 정책지원을 실시하고 있는 상황이다. 이에 자동차·ICT 업체 간 제휴를 적극 도모하고 유망 중소기업과도 협력을 확대하는 등 기술개발 열기가 활기를 띠며 특허출원까지 이어질 수 있는 생태계 조성에 만전을 기하고 있다. 특히 AI가 자율주행자동차 경쟁력을 좌우하는 핵심 기술임을 인지하고 센서·라이다·카메라 등 하드웨어뿐 아니라 소프트웨어 연구·투자에도 관심과 지원 확대할 예정이다.

	Audi					Go Further	TOYOTA	GM	FCA
Present	L2	L2	L2	L2	Between L2 & L3	Driver Assistance	Driver Assistance	Driver Assistance & L2	Active Safety
Future-Targeted Applications	Highway Pilot, City Pilot, Automated Parking	Focused primarily on L3, L4 for fleet by 2021	L4 automation on cars by 2020	No L3. L4 by 2020	Mind off highway autopilot by 2018-19, L4 by 2021	No L3. Shared Mobility Fleet (L4) by 2021	Level 4 Highway teammate post 2020	SuperCruise L3 with lane change. Shared mobility by 2019	L4 by 2020 with Waymo
Expected Sensor Fusion Strategy	1x LiDAR + 5x radars + 5x cameras including forward-facing stereo camera + Ultrasonic sensors + GPS	6 radar sensors + 8 cameras +5 LiDAR	1x LiDAR + Stereo camera + Radars + GPS + FLIR	1 Stereo/ trifocal camera + 1 LiDAR + 7 Radars + 4 Cameras + 12 ultrasonic sensors + HAD Maps	1 Radar + 8 Cameras + 12 ultrasonic sensors + HAD Maps	Stereo / trifocal camera + 2 LiDARs (for L4 only) + Radars + Camera + HAD Maps	4 long range LiDARs + Radars + Camera + HAD Maps	2/4 x LiDAR sensors + 14 cameras + 8 static long-range radar units + 10 ultra-short-range radar sensors	5x LiDARs+ Radars + Cameras + Ultrasonic Sensors + GPS
Key Partnerships	Valeo, Mobileye, Conti,Bosch Nvidia	Mobileye, Intel, Bosch, Conti	Nvidia, Conti, Autoliv, Bosch	Nvidia,Autoliv,Delphi, Valeo	Nvidia, Conti, Delphi	Magna, Conti, Delphi, Valeo, Velodyne	Denso, Conti, Nvidia	Conti, Takata, Denso, Autoliv, ZF, Gentex	Waymo, Mobileye, BMW, Intel

자율주행자동차 업체별 자율주행 수준 및 향후 전략, 출처 : Frost & Sullivan

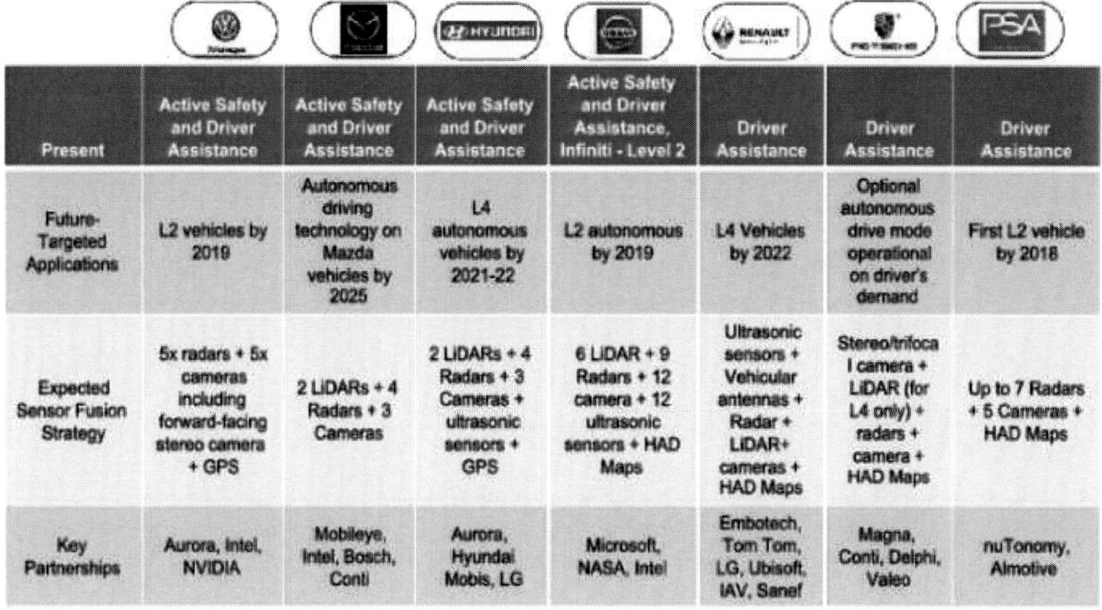

			HYUNDAI		RENAULT		PSA
Present	Active Safety and Driver Assistance	Active Safety and Driver Assistance	Active Safety and Driver Assistance	Active Safety and Driver Assistance, Infiniti - Level 2	Driver Assistance	Driver Assistance	Driver Assistance
Future-Targeted Applications	L2 vehicles by 2019	Autonomous driving technology on Mazda vehicles by 2025	L4 autonomous vehicles by 2021-22	L2 autonomous by 2019	L4 Vehicles by 2022	Optional autonomous drive mode operational on driver's demand	First L2 vehicle by 2018
Expected Sensor Fusion Strategy	5x radars + 5x cameras including forward-facing stereo camera + GPS	2 LiDARs + 4 Radars + 3 Cameras	2 LiDARs + 4 Radars + 3 Cameras + ultrasonic sensors + GPS	6 LiDAR + 9 Radars + 12 camera + 12 ultrasonic sensors + HAD Maps	Ultrasonic sensors + Vehicular antennas + Radar + LiDAR+ cameras + HAD Maps	Stereo/trifocal camera + LiDAR (for L4 only) + radars + camera + HAD Maps	Up to 7 Radars + 5 Cameras + HAD Maps
Key Partnerships	Aurora, Intel, NVIDIA	Mobileye, Intel, Bosch, Conti	Aurora, Hyundai Mobis, LG	Microsoft, NASA, Intel	Embotech, Tom Tom, LG, Ubisoft, IAV, Sanef	Magna, Conti, Delphi, Valeo	nuTonomy, Almotive

4. 시장 전망 및 예측

2020년대 후반에 접어들면서 자율주행차 산업은 부분적 상용화 단계로 진입하고 있다. 특정 도시에서의 로보택시, 물류 허브 간 고속도로 트럭 운행 등 제한된 범위에서 Level 4 자율주행 서비스가 현실화되는 중이다. 다만 완전 무인차가 어디서나 자유롭게 다니는 Level 5 단계의 도래에는 여전히 시간이 필요하다. 기술 난이도뿐만 아니라 법규, 사회적 수용의 문제가 해결되어야 하기 때문이다.

맥킨지 등의 연구에 따르면 2030년대 중반까지 자율주행차 시장 규모가 수천억 달러대로 성장할 것으로 낙관하면서도, 동시에 수익성 확보와 신뢰 구축이 병행되어야 함을 지적한다. 실제 최근 몇 년간 초기 기대만큼 상용화가 빠르지 않자, 투자 열기가 다소 식고 일부 기업은 전략을 수정하기도 했다. 그러나 반대로 기술 성숙도가 높아지면서 거품이 걷힌 현실적 진전이 이뤄지고 있다는 평가도 있다. AI 반도체 성능 향상, 데이터 축적, 알고리즘 고도화로 인해 앞으로 2~3년 내 현재 해결이 어려웠던 문제들이 점진적으로 해결될 가능성이 크다. 결국 자율주행차와 인공지능 기술은 단기 과대평가되었지만 장기적 파급력은 여전히 클 것이며, 인류의 이동과 교통의 개념을 근본적으로 바꿀 혁신임에는 변함이 없다.

(1) 자율주행자동차 시장 규모

자율주행자동차는 2025년까지 세계 자동차 판매의 12.9%(반자율 12.4, 자율0.5), 2035년 전체 판매대수의 24.8%(반자율 15, 자율9.8)를 차지할 것으로 예측된다. 이를 근거

로 2025년 약42억 달러(반자율 36억 달러, 자율 6억 달러)의 매출을 2035년도에는 77억 달러의 매출을 올릴 것으로 평가(반자율 39억 달러, 자율 자동차 38억 달러) 되고 있다.42) 수익측면에서 자율주행자동차는 2030까지 2조 달러에 달하는 전체 자동차 시장에 추가로 약 1.3~2.8조 달러의 순익을 올릴 것으로 예측(UBS 2018.5.)된다. 자율주행자동차의 전세계 시장 규모를 살펴보면 2030년까지 약 600억 달러가 될 것으로 예상되고 있다.

2030년까지 자율주행 Level 3와 Level 4 기능들은 전 세계적으로 판매되는 차량의 약 0.8 %와 약 2.3 %를 각각 차지할 것으로 예상되며 2018년부터 Level 3 차량이 등장했지만 그 기능 전체는 프리미엄급차에 적용되어 시장은 작을 것으로 보고 있다. Level 4 수준의 자율주행자동차는 2020년부터 Level 3과 Level 5보다 많은 시장을 차지할 것으로 예상된다.43)

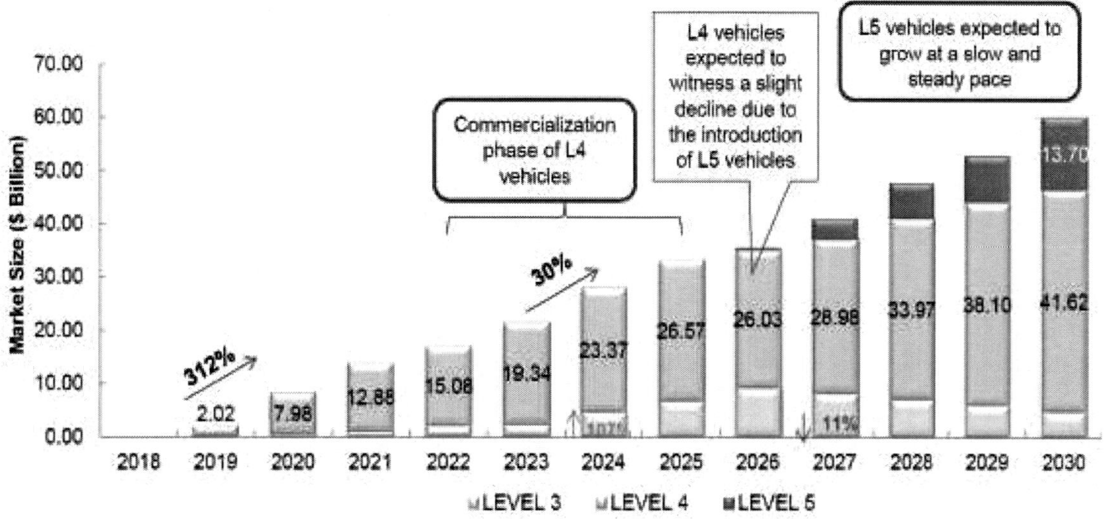

자율주행자동차 전세계 시장규모 (출처 : Forst & Sullivan)

글로벌 자율주행차 관련 기업들이 2020년을 자율주행차의 상용화 시기로 선정함에 따라, 시장조사 기관들은 2020년대가 되어야 본격적인 시장형성이 가능할 것으로 전망하고 있다.

BCG(보스턴컨설팅그룹)는 자율주행차 시장 규모가 2025년에 약420억 달러(약50조원)에 이를 것이며, 2035년이 되면 770억 달러(약90조원) 규모로 성장할 것으로 예상하였다. 또한, 또한 2035년에 세계 자동차 판매량의 25%는 자율주행자동차가 차지할 것이며, 이 중 완전자율주행자동차는 1,200만대, 부분 자율주행자동차는 1,800만대에 이를 것으로 전망하고 있다.

42) 과학기술 & ICT 정책 기술 동향, 한국과학기술기획평가원, 2018.10.12
43) 자율주행자동차, 과학기술일자리진흥원. 2018.12

IHS 오토모티브에서는 2035년에 자율주행차의 판매량이 1,000만대를 넘어, 자동차시장의 약 10%를 차지할 것으로 예측하였으며, 네비건트리서치(Navigant Research)는 자율주행차 보급률을 2025년 4%에서 2030년 41%로, 2035년에는 75%에 달할 것으로 전망하였다. 또한, 맥킨지는 자율주행차의 본격적인 상용화 시기를 타기관에 비해 늦은 2030년으로 추정하였으며, 2040년에는 미국 내 차량의 75% 이상이 자율주행차가 될 것으로 예상하였다.

자율주행차의 글로벌 시장규모는 연평균 41% 성장하여 '35년에는 1조 1,204억 달러로 완전 자율주행차 시장점유율의 급격한 성장을 예상하였는데, 이 중에서 레벨 4 이상 완전 자율주행차의 세계 시장 규모는 '20년 6.6억 달러에서 연평균 84.2% 성장하여 '35년에는 6,299억 달러 규모에 달할 것으로 전망하였다.[44)]

차량의 V2X 시장규모는 2020년 약 8억 달러에서 2030년 약 148억 달러로 성장할 것으로 예측되고 있으며, 이후 더욱 급격하게 성장하여 2035년에는 324억 달러의 시장 규모를 보일 것으로 전망하고 있다.

2020-2050 V2X 글로벌 시장 전망도[45)]

(단위: 백만달러)

	2020	2025	2030	2035	2040	2045	2050
시장규모	792	4,579	14,773	32,435	34,107	34,410	33,374

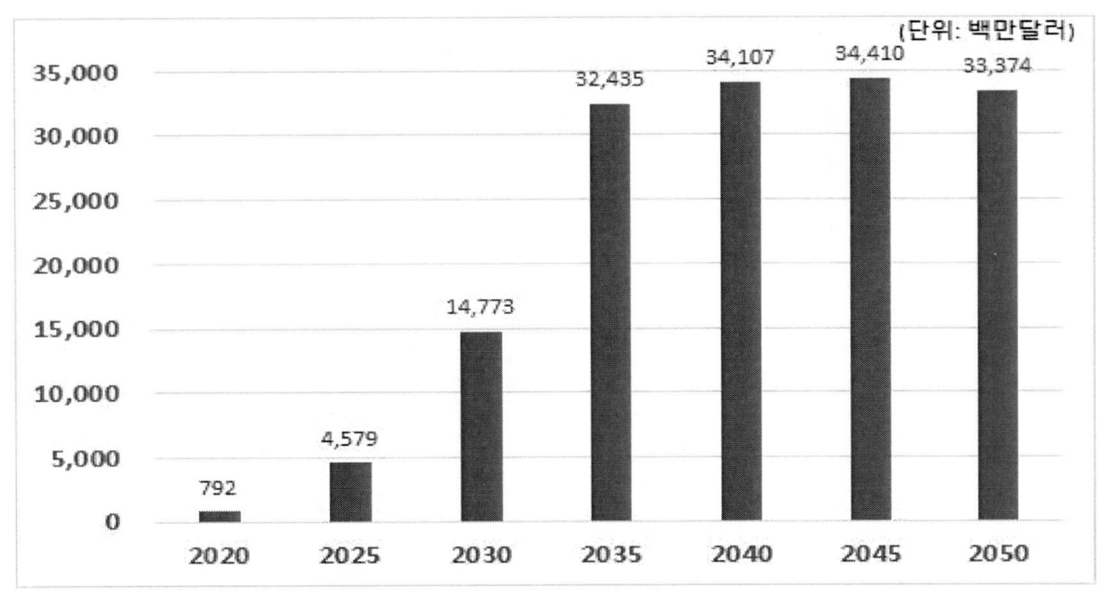

자동차 업체들은 물론, 구글, 아마존, 애플 등의 ICT 업체들, 우버와 같은 차량공유 업

44) 자율주행 기술개발 혁신사업 (한국과학기술기획평가원, 2020)
45) Statista, 자율주행 기술개발 혁신사업 (한국과학기술기획평가원, 2020) 재인용

체들은 향후 저마다 종합 모빌리티 공급 및 서비스 업체가 되는 것을 꿈꾸고 있는 상황이며, 자동차회사들은 향후 자동차가 기존의 '소유'에서 '사용'개념으로 바뀔 것에 대비해, 차량공유, 자율주행 택시, 자율주행 운송 등에서 맞춤형 차량 제조는 물론, 예약-결제-시스템 관리-A/S까지 해주는 종합 모빌리티 제조 및 서비스를 추구하고 있다.

자동차 업체들 가운데서는 도요타와 GM 등이 가장 먼저 MaaS (Mobility as a Service)를 내세우면서, 다양한 모빌리티의 제조와 서비스를 영위하는 플랫폼 사업 자가 되겠다고 선언한 상황이며, 이러한 기조와 맞물려 MaaS(Mobility as a Service)의 시가총액 또한 2035년에 약 10조 달러에 도달할 것으로 전망하고 있다.

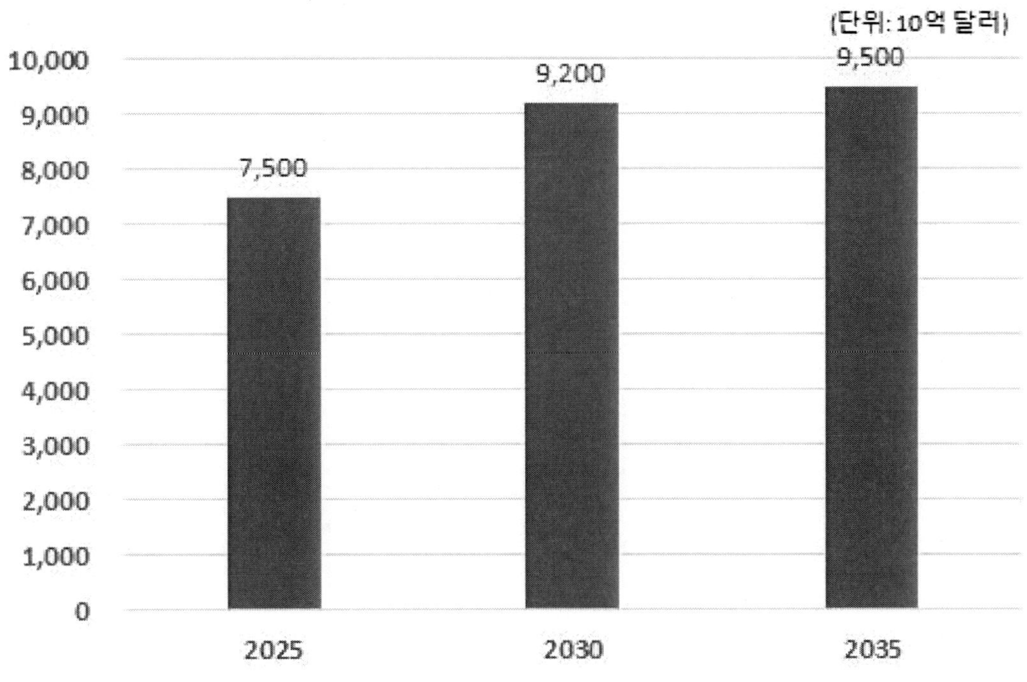

2025-2035 MaaS 시가총액 전망도[46)]

자율주행차용 센서 및 전장품은 안전, 운전보조 목적으로 빠르게 성장하여, 2022년 관련 센서시장 규모만 258억 달러에 이를 것으로 전망하고 있다.

카메라 관련 현 핵심이슈는 초고화질, 광각기술확보이며, 센서칩은 ON Semi가 시장의 절반을 차지하고 있고, 모빌아이가 모듈시장의 80%를 장악하고 있으며, 2050년 약 284억 달러의 시장규모를 차지할 것으로 예상하고 있다

라이다는 자율주행의 핵심부품으로 부상하였으나 가격경쟁력 확보와 소형화라는 과제를 안고 있으며 벨로다인과 쿼너지가 시장을 주도하고 있으며, 2050년 약 980억 달러의

46) Statista, 자율주행 기술개발 혁신사업 (한국과학기술기획평가원, 2020) 재인용

시장규모를 차지할 것으로 예상하고 있다.

또한, 자율주행차가 1초에 1GB씩 생산해내는 데이터를 빠르게 처리할 수 있는 AI 컴퓨터도 급격히 발전하고 있으며, 현재는 엔비디아와 인텔, 모빌아이가 시장 주도적인 역할을 수행하고 있다.

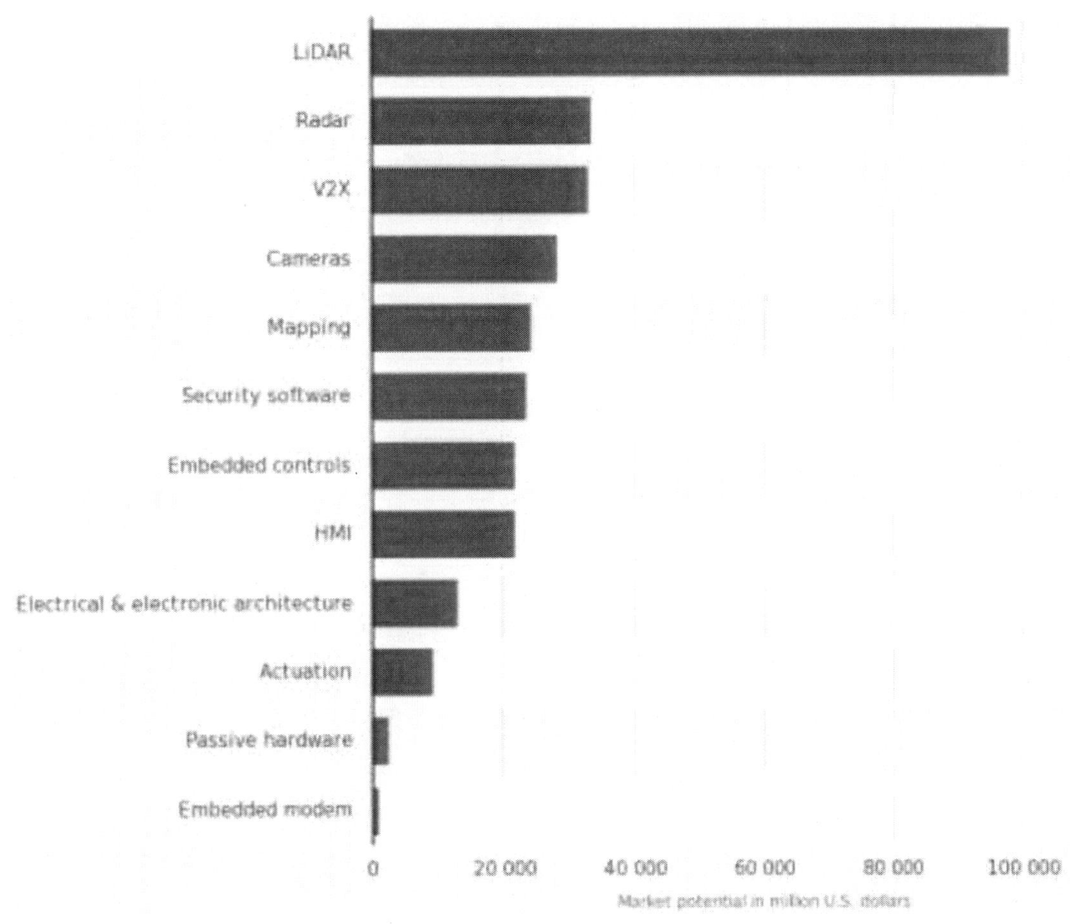

2050 자동차부품별 시장잠재력 예상도[47)]

(2) 국내 자율주행자동차 시장규모

시장조사기관들은 본격적인 자율주행자동차의 시장은 글로벌 자율주행자동차 관련 기업들의 자율주행자동차 상용화 목표 시기인 2020년대에 형성될 것으로 예측하고 있다. 2025년 자율주행 관련사고 책임소재와 관련된 법 규정 등이 완비 되고나면 국내의 자율주행자동차 시장이 약 1조원에 이를 것으로 예측하고 있다. [48)]

47) Statista, 자율주행 기술개발 혁신사업 (한국과학기술기획평가원, 2020) 재인용
48) 자율주행자동차, 과학기술일자리진흥원. 2018.12

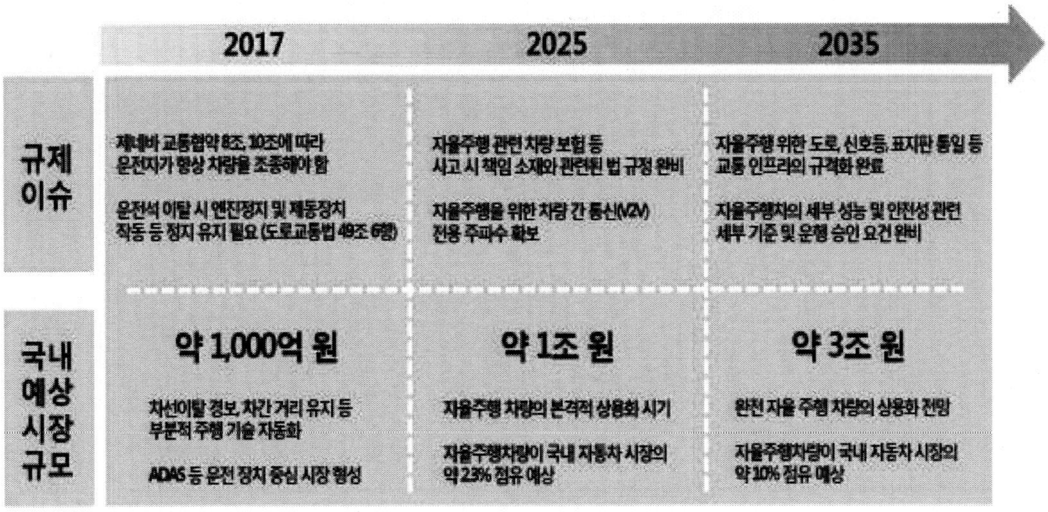

	2017	2025	2035
규제 이슈	제네바 교통협약 8조, 10조에 따라 운전자가 항상 차량을 조종해야 함 운전석 이탈 시 엔진정지 및 제동장치 작동 등 정지 유지 필요 (도로교통법 49조 6항)	자율주행 관련 차량 보험 등 사고 시 책임 소재와 관련된 법 규정 완비 자율주행을 위한 차량 간 통신(V2V) 전용 주파수 확보	자율주행 위한 도로, 신호등, 표지판 통일 등 교통 인프라의 규격화 완료 자율주행차의 세부 성능 및 안전성 관련 세부 기준 및 운행 승인 요건 완비
국내 예상 시장 규모	**약 1,000억 원** 차선이탈 경보, 차간 거리 유지 등 부분적 주행 기술 자동화 ADAS 등 운전 장치 중심 시장 형성	**약 1조 원** 자율주행 차량의 본격적 상용화 시기 자율주행차량이 국내 자동차 시장의 약 2.3% 점유 예상	**약 3조 원** 완전 자율 주행 차량의 상용화 전망 자율주행차량이 국내 자동차 시장의 약 10% 점유 예상

자율주행차 시장 발전 전망 및 규제 이슈,
출처: 자율주행기술이 상용화로 가는길, 디지에코, 2018

현재 단기적으로는 운전석이 있는 차량이 나올 전망이다. 아직, 운전자가 없을 경우 발생할 수 있는 법률적, 제도적 문제점이 단시간 내 해결될 가능성이 적기 때문이다. 그러나 장기적으로는 무인 자율주행차로 개발이 될 것으로 예측된다. 벤츠, 아우디 등 자동차업체는 운전하는 재미를 느낄 수 있고 응급상황 시 직접 통제할 수 있는 운전석 있는 자율주행차를 선호하고 있으나, 자율주행차 개발에 있어 선두에 있는 구글 등 IT업체는 운전석 자체가 없는 자율주행차를 선호하고 있기 때문이다.

제 4장. 자율주행차와 인공지능: 사회적 접근

Ⅰ. 자율주행시대 상용화를 위한 준비

자율주행차 시대가 성큼 다가오고 있지만, 기술 개발만으로 모든 것이 해결되지는 않는다. 상용화를 위해서는 사회 전반의 준비와 뒷받침이 필수적이다.

우선 정부와 정책 입안자들의 역할이 크다. 새로운 기술이 도로에 나오기 위해선 교통법규의 개정, 안전 기준 마련, 보험 및 책임소재 규정 등 제도적 정비가 선행되어야 한다. 많은 나라들이 이미 자율주행차 운행을 위한 법률과 가이드라인을 속속 마련하고 있다. 예를 들어 독일은 2017년에 레벨 3 차량의 조건부 자율주행을 허용하는 법을 세계 최초로 통과시켰고, 2021년에는 특정 조건 하 레벨 4 차량 운행을 허가하는 법률을 제정했다.

상용화를 위한 사회적 준비의 또 다른 축은 인프라 구축이다. 아무리 차량 기술이 훌륭해도 도로 환경이 뒷받침되지 않으면 구현이 어렵다. 고해상도 디지털 맵 업데이트와 실시간 제공 시스템이 그 하나로, 국가 단위로 정밀지도를 구축해 차량에 공급해야 한다. 또한 V2X 통신 인프라를 설치해 도로변 기지국이 차량과 교신하며 교통신호 정보를 주거나 위험상황 경보를 해주는 체계가 요구된다. 예를 들어 한국은 주요 고속도로와 도심지에 C-ITS(차세대 지능형교통체계) 인프라를 단계적으로 깔고 있으며, 2025년까지 전국 주요 거점에 자율주행 지원 인프라 완비를 목표로 하고 있다. 도로 환경 자체도 개선대상이다. 흐릿한 차선, 애매한 표지판 등은 인간 운전자도 힘들게 하지만 기계에게는 더욱 까다롭다. 이에 따라 차선 도색을 선명히 하고, 도로 공사 정보나 급커브, 급경사 정보를 사전에 데이터로 제공하는 등 자율주행 친화적 도로환경을 조성하는 노력이 필요하다. 이와 함께 도심 내 전용 차로나 정차장소를 지정하여 초기 자율주행 차량이 일반차량과 섞여 다닐 때 혼란을 줄이는 방안도 검토된다.

안전성 검증과 인증 체계 확립도 사회적 준비의 중요 요소다. 새로운 자율주행 시스템이 정말 안전한지 입증하려면 표준화된 테스트 절차와 기관의 인증이 필요하다. 각국 교통당국과 국제 표준화 기구는 자율주행차를 위한 안전 평가 시나리오를 만들고, 수백만 km 주행당 사고율 등의 안전 지표를 설정하려 하고 있다. 예컨대 유럽 NCAP은 자율주행 보조 시스템에 대한 평가 항목을 도입했고, 미 연방교통안전국은 ADS(Automated Driving Systems)에 대한 가이드라인을 발표하여 제조사들에게 자율주행 성능과 한계를 보고하도록 권고하고 있다. 우리나라에서도 KATRI 자동차안전연구원이 자율주행 기능 시험방법을 연구하고 있다. 이러한 객관적 검증과 인증을 통해 사회와 소비자의 신뢰를 얻는 것이 무엇보다 중요하다.

한편, 인력 및 교육 측면에서도 준비가 필요하다. 자율주행 시대에는 기존의 운전자는 필요 없게 될지 모르지만, 대신 새로운 형태의 관제 운영 인력, 차량 유지보수 전문가,

데이터 사이언티스트 등이 요구될 것이다. 로보택시나 자율셔틀을 운영하는 업체에서는 차량을 원격 모니터링하고 비상 시介入(개입)하는 원격 관제 인력을 둘 가능성이 높다. 또한 사고 발생 시 책임 규명 등을 위해 차량 운행 데이터를 분석할 전문가도 필요하다. 정부와 산업계는 이러한 미래 일자리 변화에 대비하여 교육 프로그램과 직업 전환 지원책을 마련해야 한다. 운수업 종사자들이 새로운 기술직으로 전환하거나, 자율주행차와 공존하는 서비스직으로 이동할 수 있도록 정책적 배려가 요구된다.

1. 주요 국가별 정책 현황 및 동향

자율주행 차량에 대한 기술은 현재 실제 도로 주행이 어느 정도 가능한 수준까지 개발되고 있지만 자동차에 대한 기존 법규나 안전규제에 따라 실제 도로 상에서 주행하는 것이 사실상 어려운 실정이다. 이를 위해 각 선진국에서는 자율주행에 관련하여 기존 자동차에 대한 규제를 완화하는 한편, 자율주행 차량에 대한 기술 규제를 도입하기 위하여 법률에 대해 검토하고 있다. 특히 2013년도에 미국과 일본을 시작으로 올해에는 영국에서 자율주행차량의 주행을 허가하고 있으며 다른 나라에서도 발 빠르게 관련 법규를 정비하고 있다.

세계 주요국들은 지능형 자동차 분야를 선도하기 위한 생태계 활성화, R&D 프로젝트 추진, 기업 기술개발 지원, 산학연관 협력 등을 적극적으로 추진하고 있다.[49]

미국은 원천기술부터 규제 보완에 이르기까지 생태계 활성화에 초점을 두고 있으며, EU는 폭스바겐 연구소 등 29개 기관의 자율주행 기술개발 사업을 지원하고 있다. 또한 미국은 연방 차원의 통일된 법은 없지만 주별로 자율주행차 테스트와 상용 서비스를 위한 허가 제도를 운용 중이다. 애리조나, 캘리포니아, 텍사스 등은 비교적 개방적으로 자율주행 차량을 도로에 받아들이고 있고, 최근엔 로보택시 뿐 아니라 자율 트럭 시범운행 허가도 늘어나는 추세다.

EU는 폭스바겐 연구소 등 29개 기관의 자율주행 기술개발 사업을 지원, 일본은 일본재흥전략을 통해 산학연관 프로젝트를 추진하고 가상 기술검증 사업, ADAS 보조금 지원사업을 추진하고 있으며, 중국은 공업신식화학부(MIIT)를 통해 커넥티드카 및 자율주행차에 대한 주요 정책을 발표하고, 완성차업체 및 IT기업과 산학연관 자율주행 기술개발 프로젝트를 추진하고 있다.

49) ETRI-Insight report_지능형 자동차산업의 발전 동향 및 핵심 기술개발분야' (한국전자통신연구원, 2019)

주요 국가별 지능형 자동차 기술 정책 동향[50]

국가	정책 동향
미국	● 원천기술 개발에서 안전규제에 이르기까지 무인자동차 관련 생태계 활성화를 위한 후방 지원에 초점 ● 자율주행차 관련 인적 요인 연구(Human Factor Research), 전자제어시스템 안전성(Electronic Control System Safety) 연구, 개발시스템 성능요건 (Develop System Performance Requirements) 등 3가지 영역에 주안점을 두고 기술 연구 추진 ● 본격적인 자율주행자동차 실용화에 대응한 관련 정책 및 규제 관련 권고사항도 개발 중
영국	● 2014년 7월에 기술전략위원회(Technology Strategy Board)를 통해 자율주행 자동차 시범 운영 프로젝트의 본격적인 추진계획 발표 ● 해당 프로젝트는 기술전략위원회와 영국 기업혁신기술부(Department for Business, Innovation & Skills, BIS) 및 영국 교통부의 공조 아래 진행 ● 프로젝트 추진을 위해 영국 내각은 총 1,000만 파운드의 예산을 배정했으며 프로젝트 참여를 위해서는 반드시 민관공동 컨소시엄이 구성되어야 하며, 선정된 컨소시엄에 대해서는 프로젝트 추진 자금의 최대 50%를 지원
EU	● 첨단안전시스템 분야의 우위를 이어가기 위한 R&D 지원 본격화 ● 폭스바겐 연구소 등 총 29개 기관이 참여하는 3년 반 동안의 자율주행 기술 개발사업에 2,500만 유로 전액 지원
일본	● 2013년에 일본재흥전략에서 안전운전지원 시스템, 자동주행 시스템을 핵심 전략으로 지정하고 산학연관 협력 프로젝트 전개 ● 가상주행 상황에서 신기술 성능을 검증하기 위한 영상 DB를 2018년까지 구축

(1) 미국

자율주행자동차의 생태계 마련을 위하여 자율주행을 위한 원천기술의 개발, 자율주행 안

50) 자율주행 기술개발 혁신사업 (한국과학기술기획평가원, 2020)

전 기준 등 규제 보완 등 다양한 정책을 지원하고 있다. 연방정부 차원에서 자율주행차에 관한 독립된 법률이 재정되지는 않은 상황이다. 연방 정부 차원에서 법률 재정을 통한 규제보다 정책과 가이드라인을 배포함에 따라 주에 특성에 맞게 자발적인 이행을 유도하고 있다.

2016년 9월, 미국 연방 교통부는 'Federal Automated Vehicle Policy'를 발표했다. 이 정책은 4개의 가이드로 구성되어있다.
① Vehicle Performance Guidance for Automated Vehicles(자율주행차를 위한 차량 성능 가이드 : 도로를 달리기 위해서는 Federal Motor Vehicle Safety Standard(FMVSS)를 충족해야 한다고 명시
② Model State Policy(주 정책 모델) : 주정부가 관할해야 하는 사항을 명시함으로써 주정부와 연방정부의 규제 범위를 구분. 이는 주정부와 연방정부의 법 규정간의 역할분담을 위해 필요
③ NHTSA's Current Regulation Tools(도로교통안전국의 현재 규제 방안)
④ Modern Regulatory Tools(새로운 규제 방안) : 잠재적 새로운 방안을 논의. Safety Assurance(안전 보장), Pre-Market Approval Authority(사전시장 승인 권한), Csase-and-Desist Authority, Expanded Exemption Authority for HAVs(자율주행를 위한 확장된 예외 권한) 등을 논의

2017년 9월 미국 교통부와 NHTSA는 자율주행차 가이드라인인 'Automated Driving Systems(ADS): A Vision for Safety 2.0'을 발표했다. 이전에 발표한 가이드라인은 안전성 관련 총 15개 항목이 있었으나, 이번 발표에서 12개로 줄어 기업 부담을 경감시켰다는 평가를 받고 있다.

현재 주별로 자율주행차 관련 법과 규제를 제정하고 있고, 자율주행차 관련 법을 이미 제정한 주로는 Alabama, Arkansas, California, Colorado, Connecticut, Florida, Georgia, Illinois, Louisiana, Michigan, New York, Nevada, North Carolina, North Dakota, Pennsylvania, South Carolina, Tennessee, Texas, Utah, Virginia and Vermont and Washington D.C. 등이 있다.[51)]

51) 스마트카 미래성장동력 육성방안 연구, 과학기술정통부, 2018

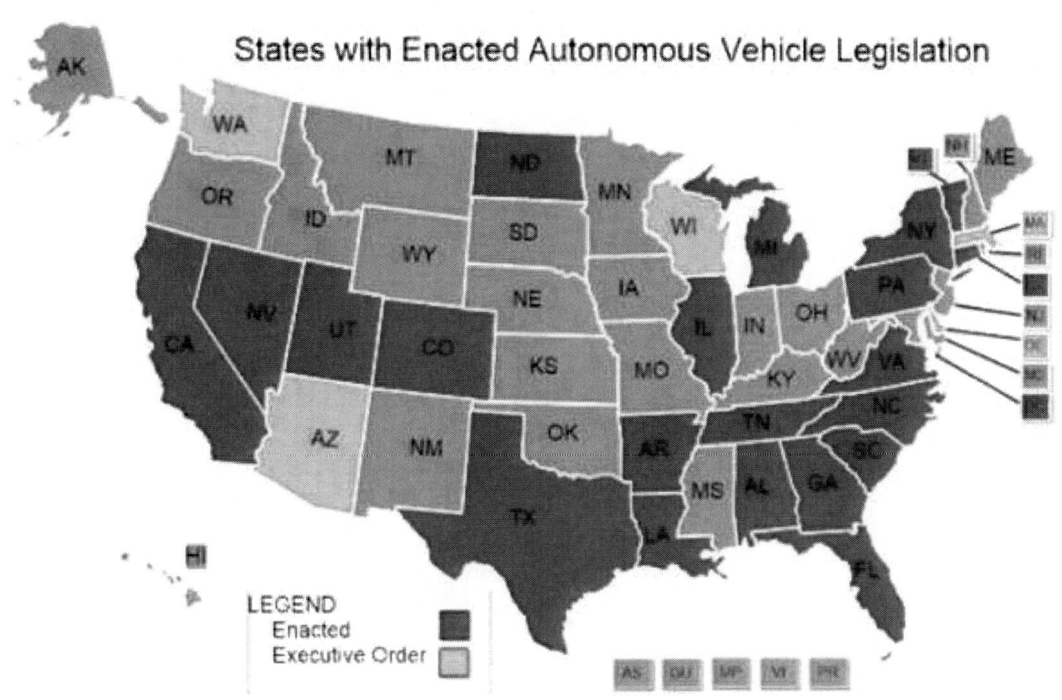

자율주행차 관련 주별 법 제정 현황, 출처:NCSL, 2018

미국은 그동안 축적해 온 기초원천기술을 바탕으로 선제적인 법제도의 수립과 단계적인 시험 하부구조의 구축 및 제한적인 실도로에서의 주행시험을 실시하고 스마트 시티와의 연계를 통해 자율주행의 상용화를 추진 중에 있다.

저속 주행시험장에 이어 고속 주행시험장을 완공하고 10여개 지역에서 실도로 주행시험을 추진 중이며, 특히 美국방부와 상용차업체들은 대형 트럭의 군집주행 시험을 통해 습득한 데이터와 정보를 승용차의 효율적인 자율주행화를 위해 제공하고 있다.

미시간주는 1단계 M-City 저속 시내 주행시험장, 2단계 Willow 고속주행과 도시 지역 외 주행시험장, 3단계 자동차전용도로 주행과 일반도로주행의 순차적인 시험 시스템을 구축해 운용하고 있다.

2단계(pillar 2) 시험은 Willow 시험장과 자동차전용도로 등 특정 구간에서 고속주행 시험이 가능한 시설이 기반이 되고 있으며, 3단계는 일반 도로에서의 주행이고 최근 시험 주행 허가를 받아 일반도로에서 주행 중인 시험용 차량은 전통적인 자동차 기술보다는 정보통신기술(ICT)에 기반을둔 차량이 큰 비중을 차지하고 있다.

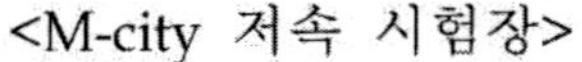

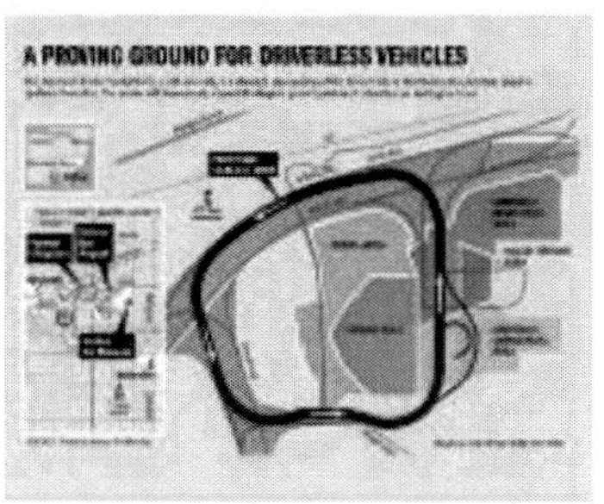

<M-city 저속 시험장> <Willow 고속 시험장> <악천후 시험 시설>

미국 미시간 주 자율주행 시험장[52)]

(2) 유럽

유럽의 경우 비엔나 협약 제 8조 5항에서 규정한 “운전자가 항상 차량을 제어하고 있어야 한다.”라는 규정에 의해자율주행이 제한되어 왔지만 2014년에 비엔나 협약 수정안을 통하여 이 내용을 자율주행 차량이 도로를 시험적으로 운행할 수 있도록 하는 방안이 마련하고 있다. 따라서 유럽연합 국가들과 러시아 등 72개 국가에서 자율주행자동차 테스트주행이 가능하도록 하였다.

비엔나 도로교통 협약 중 관련 조항

출처 : 정자통신동향분석, 안경환 외, 자율주행 자동차 기술동향

조항	내용
8조(Article 8) : 운전자(Drivers)	-**1항**. 모든 이동하는 차량(vehicles) 또는 집합적 차량 (combination of vehicles)에는 운전자가 있어야 한다. -**3항**. 모든 운전자는 필요한 신체적, 정신적 능력을 소유하고 있어야 하며, 운전 시에 적합한 신체적, 정신적 상태에 있어야 한다. -**5항**. 모든 운전자는 항상 차량을 제어하거나 동물을 가이드 할 수 있어야 한다
13조(article 13) : 속도 및 차간거리 (speed and distance between vehicles)	-**1항**. 모든 차량의 운전자는 적절한 주의를 기울이고, 필요한 운전조작을 하기 위해 모든 상황에서 차량을 통제에 두어야 한다. 운전자는 지세, 도로상태, 적재상태, 날씨상태, 교통상태와 같은 환경에 지속적으로 주의를 기울여 속도를 조절해야 하고, 가시성이 좋지 않을 때 속도를 늦추거나 멈추어야 한다. -**5항**. 다른 차량의 뒤에서 이동하는 차량의 운전자는 충돌을 회피하기 위해 충분한 거리를 두어야 한다.

52) 자율주행자동차 상용화 대비 신산업 육성방안(국토부, 2018), 자율주행 기술개발 혁신사업 (한국과학기술기획평가원, 2020) 재인용

EU는 자율주행 시대를 향한 준비 가속페달을 밟고 있다. 유럽위원회(EC)는 친환경 · 자율주행자동차를 포함한 유럽의 첨단 모빌리티(Mobility) 구축 로드맵 'EUROPE on the MOVE'를 업데이트하고 있다.

EUROPE on the MOVE III는 2020년 고속도로에서 자율주행, 도시 지역에서 저속으로 자율 주행 실현, 2022년 모든 신차는 통신 기능을 갖춘 커넥티드 카로 출시, 2030년 트럭 · 자동차 · 대중교통의 완전 자율주행자동차 실현 등이 주요 골자이다. 아울러 자율주행자동차 시대로 전환을 가속화하면서 2025년까지 EU 내 자동차·전자기기 업계에서 8,000억 유로의 시장을 창출할 것으로 추산하고 있다.

한편 안전하고(Safe), 깨끗하며(Clean), 경쟁력을 갖춘(Competitive), 연결된(Connected) 이동성을 보장하는 것이 EUROPE On The MOVE가 추구하는 핵심 목표이다.

자율주행자동차 상용화를 위한 자금 지원, 법 · 제도, 사회 · 윤리적 과제 등을 명시하고 있으며 EUROPE On The MOVE III에서는 '30년 완전 자율주행자동차 시대로의 이행을 위한 준비 사항을 구체화시키고 있다. [53]

EUROPE on the MOVE III. 의 주요 내용
출처: ICT Brief, 정보통신기술진흥센터(IITP)

사안	주요 내용
자금 지원	•'14~'20년 간 자율주행자동차 연구과 혁신을 위해 3억 유로 지원 •도로 통신 등 인프라 조성을 위해 4억 5,000만 유로 투자 •연구와 테스트 등을 위한 새로운 파트너십 구축
사회 윤리적 과제	•자율주행자동차가 불러올 사회·경제적 측면과 환경 영향 등을 고려, 평가 •자율주행자동차 시대에 대응한 새로운 기술교육 •운전자가 없는 이동(운전)에 대한 문제를 EU 포럼에서 논의 •'18년 말까지 AI 기술 진전을 기반으로 한 윤리적 가이드라인 마련
법 제도 정비	•자율주행자동차를 비롯한 새로운 유형의 자동차 운행 승인 문제 •첨단운전자시스템(ADAS) 등 자율주행을 위한 새로운 안전 기준 제안 •자율주행자동차의 블랙박스 설치 의무화 •자율주행자동차가 생성하는 방대한 데이터 공유를 위한 균형있고 공정한 프레임워크 개발 •'18년 말까지 통신, 데이터 보안, 상호운용성 등을 보장하는 규칙 마련 •'18년 말까지 5G 기반 자율주행 테스트를 위한 권고 사항 마련

53) ICT Brief, 정보통신기술진흥센터(IITP) 기술정책단. 2018

미래 모빌리티 서비스의 핵심인 '자율주행자동차' 시대 준비를 강화하는 기조를 유지하고 있다. EU는 최근 이슈가 되고 있는 안전성 논란과 법·제도 미흡 등 선결 과제에 대응하기 위한 기술 투자, 사회·윤리적 영향 등을 고려한 자율주행 로드맵을 구체화시켰다.

(3) 일본

일본은 무역흑자액의 50% 이상이 자동차산업에서 발생하는 국민산업이기 때문에 국가적 성장 기간산업의 국가 경쟁력을 유지하기 위해 자율주행자동차 기술 강화에 적극적으로 투자하고 있다. 이런 투자에 대해 구체적으로 설명해보자면, 일본 경제 산업성·국토교통성·자동차공업협회 등이 중심이 되는 자율주행 사업화 검토회를 출범하여 자율주행차 시대를 대비하는 대응방안과 추진방안 등을 발표했다. 또한, 2015년 6월에 '관민 ITS 구상 로드맵'을 발표하며 2030년 까지 완전자율주행을 목표로 하는 계획을 발표하였다. 특히 2020년까지 자동주행 시연을 수행하여 2020년 도쿄 올림픽에서 대회 수송에 자율주행을 활용할 계획에 있다. 이를 위하여 자율주행 시스템에 대한 제도적 검토를 통해 상용화와 각종 규제에 대해 보완할 계획에 있다. 이 외에도 오토파일럿 시스템 위원회를 설치하여 안전운전지원시스템, 자동주행 시스템 등을 핵심전략으로 선정하고 R&D 프로젝트를 지속적으로 전개하는 등 정부가 주도하여 적극적인 지원을 하고 있다.

일본 자율주행자동차 단계별 개발 계획
(출처 : 일본 고도정보통신네트워크사회 추진전략본부.2015)

<table>
<tr><th colspan="2">분류</th><th>개요</th><th colspan="2">실현시스템</th></tr>
<tr><td colspan="2">정보제공</td><td>운전자에게 주의환기 등</td><td colspan="2">안전운전 지원 시스템</td></tr>
<tr><td rowspan="4">자동화</td><td>Level 1 단독형</td><td>가속/조향/제동 중 하나를 자동차가 제어</td><td rowspan="2">준 자동주행 시스템</td><td rowspan="4">자동주행 시스템</td></tr>
<tr><td>Level 2 시스템 복합화</td><td>가속/조향/제동 중 복수 조작을 한 번에 자동차가 제어</td></tr>
<tr><td>Level 3 시스템 고도화</td><td>가속/조향/제동 중 모든 조작을 자동차가 제어
(긴급 대응은 운전자가 수행)</td><td rowspan="2">완전자동주행시스템</td></tr>
<tr><td>Level 4 시스템 완전자동주행</td><td>가속/조향/제동 중 모든 조작을 자동차가 제어</td></tr>
</table>

자율주행자동차 상용화를 위해 핸들, 액셀, 브레이크가 장착 되지 않은 자율주행자동차의 도로 주행을 허용하고 세계 최초로 자율주행 가이드라인을 제정하는 등 정부 주도의 활동을 하고 있다. 자율주행 차량 관련 국제적 기술 표준화 활동과 공조하고, 자율주행 운전 중 차량 사고 시 배상 규칙을 수립하는 등 자율주행 환경을 정비하였다. G7 교통장관회의에서 제3, 제4 수준의 유인 자율주행기술 상용화를 합의하고 핸들/액셀/브레이크가 갖춰지지 않은 자율주행자동차량의 도로주행을 허용했다. 자율주행자동차를 교통환승 시 최종 단구간(한적한 구간)에서 운행하고, 기간제 자율주행 버스 운행 등 자율주행 실증 및 상용화를 추진하고 있다.

국토교통성에서는 자율주행과 관련한 기술의 표준을 선점하기 위하여 세계 최초로 자율주행 제3, 제4 수준에 해당되는 안내지침을 제정하였다. 자율주행시스템의 사고 발생 우려 판단 시, 운전자대상 시스템 문제 통지 체계와 주행 데이터 수집 및 기록 체계를 수립했다. 자동차 제작사가 자율주행시스템으로 하여금 주행 장소, 기후조건 판단 하에 주행 환경 및 운영방법을 결정하도록 하고 있다.[54]

(4) 중국

중국 정부는 자율주행자동차 상용화를 위한 법률 정비와 정책을 수립하는 한편 기업의 자율주행자동차 테스트를 적극 지원하는 등 기술·규모면에서 세 확장을 가속화하고 있다. 2018년 중국 3개 부처(공안부·공업정보화부·교통부)는 자율주행자동차 시험 운행의 전국적 합법화를 골자로 하는 국가 정책을 발효시켰다. 지방정부가 자체적으로 관련 규범을 마련해 시행하고 있지만 국가 차원의 지침 마련은 처음이었다. 지침은 자동차·부품 제조 및 기술 연구개발 지속, 테스트 검증 능력 보유, 자율주행 기록과 실시간 원거리 차량 제어 능력 확보, 시험주행 차량에 500만 위안 이상의 보험 가입, 혹은 동일금액의 사고배상 보증서 구비 등을 명시 등을 구체화 하고 있다. 이에 따라 각 지방정부는 지역에 맞는 세칙을 마련하여 자율주행자동차 시험주행을 위한 공공도로를 개방하고 시험 운행용 차량을 승인해줄 예정이다. 이번 규정은 바이두의 리옌훙 회장이 '17.7월 베이징 공용도로에서 자사 자율주행자동차 시험주행을 실시한 것을 두고 '적용할 법규가 없다'는 논란이 빚어진 뒤 마련된 것이다.

안전한 자율주행자동차 시험 운행 및 기술개발을 위해 개발 특구도 지정했다. 광둥성 선전(深圳) 경제특구, 상하이 푸둥신구(浦東新區)에 이은 국가적 차원의 3번째 특구로 베이징 남서쪽 100㎞ 지역인 '슝안(雄安)'에 친환경 스마트 신도시를 건설하기로 했다. 시진핑 주석이 직접 아이디어를 내 입지를 선정했으며 중앙정부가 모든 사안을 주관하는 것이 특징이다. 2022년부터 각종 차세대 첨단 기술을 활용한 인프라가 구축될 예정이며 총 투자액은 2조 위안(약 338조 800억 원)가량으로 추산되고 있다. [55]

54) 자율주행자동차 발전을 위한 해외 자동차 정책 동향. 소프트웨어정책연구소 2018.12.26

특히 슝안지구(雄安新区) 개발계획('18.4)에 따르면 중국은 이 도시를 자율주행자동차 기술이 상용화되는 모델지구로 육성할 방침이다. 사람에게 안전한 공간을 제공하기 위해 교통·수도·전력 등 주요 인프라는 모두 지하에 구축할 계획이고 지하도로에 자율주행자동차가 다니도록 하고 지상도로는 보행자 위주로 운영하되 자율주행버스 등 보조적인 대중교통 수단만 갖춘다는 구상이다. 아직 자율주행자동차 기술 개발 수준이 낮고 관련법 정비도 늦은 중국으로선 신도시에 자율주행 운행을 전면 허용함으로써 기존 제약을 해소할 것으로 기대하고 있다.

IT 기업도 자율주행자동차 시험 운행을 활발히 진행중이다. 중국의 대표 IT 기업인 BAT(Baidu·Alibaba·Tencent) 중 'Baidu · Tencent'가 자율주행 시험 주행을 활발히 진행 중인 가운데 Alibaba까지 후발주자로 참여했다. 그 동안 자율주행 차량을 개발하는 자동차 기업이나 반도체·AI 업체에 투자하는 방식이었으나 바이두를 시작으로 독자적인 자율주행자동차 개발에 박차를 가하고 있다.

자율주행 시험주행 현황,
출처 : ICT Brief, 정보통신기술진흥센터(IITP) 기술정책단

업체	개발 시기	자율주행 시험주행 현황
Baidu	2013	•베이징(北京)시('18.3월 허용), 푸젠성(福建省)·충칭(重慶)시('18.4월 허용) 에서 자율주행자동차의 시험주행 라이선스를 획득 •'17.12월 자율주행 기술 협력 협의를 체결한 슝안지구에서도 최근 시험운행을 진행
Alibaba Group	2018	•초기 바이두·텐센트 등과 마찬가지로 공공도로에서 테스트 주행을 시작 •레벨4 수준의 완전 자율주행 기술을 확보하는 것이 목표
Tencent	2017	•선전시(深圳市)로부터 자율주행 시험주행 허가 획득(5.15) •시험운행을 기반으로 연내 레벨 3단계의 차량을 출시할 계획 •관련하여 '18.3월 AI, 자율주행 관련 인력을 채용하며 조직을 대폭 확대

(5) 우리나라

우리나라는 2018년 말 현재, 기업 및 기관(약 17개)이 자율주행자동차(약 30개)의 임시운행을 신청하여 테스트 중에 있다. 자율주행자동차 상용화를 위한 지원 방안 및 단계별 제도 개선 등에 대한 계획을 수립하고 있다. 자율주행자동차 운행의 활성화, 자율주행자

55) ICT Brief, 정보통신기술진흥센터(IITP) 기술정책단. 2018

동차 통신 보안시스템 구축, 자율주행을 활용한 교통·물류서비스 등을 추진하여 안전하고 편리한 자율주행 시대를 선도하기 위한 계획을 수립(국토교통 비전 2045 수립을 위한 연구, 국토교통부, 2016)· 모든 도로에서 Level 4 수준의 자율주행자동차 운행을 허용하고, 2045년까지 자율주행자동차의 비율을 전체 차량의 30%까지 확대하는 등 자율주행자동차의 운행을 활성화시키고자 하는 목표를 가지고 있다.

자율주행자동차의 통신보안 안전성 관련 연구개발, 해킹 보안 및 프라이버시 보호 대책마련 등을 위한 자율 주행자동차 통신보안 센터 구축 및 운영을 추진하고 있다. 또한, 자율주행자동차를 이용한 다양한 물류 서비스 및 버스·렌트카·택시 등 새로운 서비스를 확대하고자 방안 마련 중이다. 자율주행차 상용화로 교통안전 향상 및 신성장 동력 창출을 위한 "자율주행차 상용화 지원 방안"을 발표하고 (관계부처, 2015), 자율주행자동차 시험운행허가제도 마련(국토교통부, 2016)했다. 우리나라에서의 자율주행자동차 상용화에 필요한 제도적 준비 작업을 위해 민·관·학·연 전문가로 구성된 자율주행차 융·복합 미래포럼을 추진하고 있다.(자율주행차 융·복합 미래포럼, 보험연구원, 2017) [56]

자율주행 시대를 맞아 한국도 차곡차곡 기술과 경험을 쌓고 있다. 일부 자동차·정보통신(IT)기업은 이미 미국 자동차공학회(SAE) 기준 4단계 자율주행 기술을 선보였다. 4단계는 운전자가 개입하지 않아도 특정 조건에서 차량의 속도·방향을 통제하는 수준이다. 겨울올림픽 기간 평창 시내에서 자율주행차 시험 운행도 실시했다. 그럼에도 불구하고 한국이 자율주행차 부문에서 경쟁국에게 뒤져있다는 평가가 나왔다. 다국적 회계·컨설팅기업 KPMG인터내셔널이 2020년 발표한 '자율주행차 준비지수(AV Readiness Index)' 평가 결과다.

KPMG는 2018년부터 자체 개발한 자율주행 자동차 도입 준비 지수(AVRI : Autonomois Vehicle Readiness Index)를 통해 전 세계 각국의 자율주행 자동차 및 인프라 도입 수준을 평가하기 위한 기준을 제시하고, 지료별 준비도를 정략적으로 평가하여 글로벌 순위를 산정하고 있는데, 정책 및 입법, 기술 및 혁신 분야, 인프라, 소비자 수용성의 네 가지 분야로 구분하여 각국 자동차산업 환경의 다면적인 검토를 통해 자율주행 자동차 도입 준비도를 평가하고 있다.

이 평가에 따르면, 2018년에 이어 2019년에도 인프라 및 소비자 수용성에서 각각 1위, 2위의 높은 평가를 받은 네덜란드가 1위를 차지하였고 뒤를 이어 자율주행 자동차 테스트의 합법화에 따라 현재 자율주행 미니버스 서비스를 운영하고 있는 등 소비자 수용성과 정책 및 입법 분야에서 높은 점수를 받은 싱가포르가 2위를 차지하였다.

자율주행차 시대를 준비하는 한국의 위상은 조사대상 25개국 중 13위 (19.78점)을 차지

56) 자율주행자동차, 과학기술일자리진흥원. 2018.12

하였다(2018년: 10위, 20.71점). 자동차 산업 관련 평가에서는 다소 생소하게도 아랍에미리트(UAE)나 뉴질랜드보다 한국 순위가 더 낮다. 기업을 평가한 항목에서는 대체로 우수한 평가를 받았지만, 정부를 평가한 일부 항목에서 평균 이하점을 받으면서 순위가 내려갔다.

주요 국가 자율주행 자동차 수용 준비 수위[57)]

2019순위	2018순위	국가	2019점수
1	1	네덜란드	20.05
2	2	싱가포르	24.32
3	-	노르웨이	32.75
4	3	미국	22.58
5	4	스웨덴	22.48
6	-	핀란드	22.28
7	5	영국	21.58
8	6	독일	21.15
9	8	UAE	20.69
10	11	일본	20.53
11	9	뉴진랜드	19.87
12	7	캐나다	19.80
13	**10**	**한국**	**19.78**
14	-	이스라엘	19.60
15	14	호주	19.01
16	12	오스트리아	18.85
17	13	프랑스	18.46
18	15	스페인	15.50
19	-	체코	14.46
20	16	중국	14.41
21	-	헝가리	11.99
22	18	러시아	8.55
23	19	멕시코	7.73
24	20	인도	6.87
25	17	브라질	6.41

57) 자율주행이 만드는 새로운 변화 (KPMG, 2020)

세계 각국의 자율주행 인프라 정책 동향[58)]

국가	순위	해당 국가 선정 근거	인프라 현황	정책과 규제
싱가포르	2위	도시 국가로서, 높은 수준의 통신 인프라를 바탕으로 글로벌 자율주행 리더십 확보	도시 개방성에 기반한 열린 인프라 혁신 추진 • 원-노스 지역 테스트 베드	민관 협력을 촉진하기 위한 전담 조직 및 이니셔티브 구성 • CARTS
미국	4위	세계 최고 수준의 기술 혁신 역량을 바탕으로 자율 주행 패러다임 주도	오픈 이노베이션을 활용한 교통 인프라 혁신 추진 • 스마트 콜롬버스	적극적인 R&D지원 프로그램으로 모빌리티 혁신 가속화 • 2015~2019 ITS 전략 계획
일본	10위	한국과 유사한 산업 환경으로 높은 수준의 자율주행 기술과 네트워크 경쟁력	장기간의 경험 축적으로 산업 변화에 대한 탄력성 확보 • DSSS (2006) • Smartway(2007) • ITS Spot (2011)	공공·민간 부문별 세부 인프라 전략 및 이행 방안 수립 • 공공·민간 ITS 이니 셔티브

우리나라는 2006년부터 현대자동차와 한양대학교가 자율주행차 기술개발에 착수했으나, 현재 기술수준은 세계에 비해 5~6년 격차를 보이고 있다. 자율주행시스템의 핵심기술인 위치추적 기능, 패스 플래닝 능력, 주변 환경 인지능력, 자동차 제어기술 등 4가지 중에서 주변 환경 인지능력은 뒤떨어지나 이를 제외한 3가지는 세계와 동등한 수준으로 평가된다. 또한, 자율주행차는 다양한 산업의 융복합을 통해 완성 될 수 있는 기술이지만, 자동차와 도로, 관련 ICT기술 등을 부처별로 독립적으로 추진하고 있어 빠르게 성장하지 못하고 있다. 특히, 법제도적 문제나 부품산업 기반 조성이 부족하여 상용화 계획을 체계적으로 수립하는데 어려움을 겪고 있다.

2. 법·제도

(1) 국내외 입법 현황[59)]

① 미국

58) 자율주행이 만드는 새로운 변화 (KPMG, 2020), 자율주행 기술개발 혁신사업 (한국과학기술기획평가원, 2020) 재인용

59) 과학기술 & ICT 정책. 기술 동향, 2018.10.12., 한국과학기술기획평가원

미국교통부와 도로교통안전국은 자율주행자동차 안전수준 제고와 미국의 글로벌 입지 공고를 위하여 ADS(Automated Driving systems)를 제시(2016 V1.0, 2017 V2.0)했다. 본 지침은 자율주행 시스템이 갖추어야 할 기술적 요구 장치와 안전한 사용을 12가지 항목으로 정리한 1장과 주 정부가 자율주행자동차 운행 시 문제 해결을 위한 가이드라인을 제시하는 2장으로 구성되어 있다. 2장은 주 정부의 운전자와 차량운영관련사항(면허, 보험, 책임 등)을 규정하는 내용으로 구성되어 있다.

미국은 2017년에 연방 자율주행법 (SDA:Self Drive Act)을 시행했다. 자율주행 자동차의 시험과 배치를 촉진하는 것을 목적으로 하고 총 13개의 Section 으로 구성되어 있다.

- 입법목적: 산업적 관점에서 자율주행자동차의 글로벌 산업주도권 확보, 자율 주행자동차의 시험과 배치 장려

- 연방과 주의 관할 구분: 연방법이 상위 규범임을 명시하고 있으나 주의 규범이 지나치게 비합리적인 제약이 없는 한 이를 인정

- 안전기준을 미적용한 운행차량의 확대: 고성능 자동화 차량임을 입증시 기존 자동차 안전기준 미적용(US Code Title 49 30130), 각 회사는 법제정 첫 해 2만 5천대, 다음 해 5만대 3~4년 내에 10만 대 운행 가능. 면제된 차량은 데이터베이스 설립을 통해 자율주행이 늘어날수록 관련 데이터 축적을 하도록 하여 기술개발속도를 높일 수 있게 됨

- 기술수준별 규제: 민간 의견 수렴을 위해 미국 자동차공학협회(SAE:Society of Automotive Engineers International)의 기준(Level 0~ 6)을 연방법에 반영

연방정부의 입법은 2017년 이지만 2012년 네바다 주에서 최초로 자율주행자동차의 일반도로에서의 시험운행을 합법화했다. 이러한 자율주행이 가능한 것은 미국이 도로교통에 관한 비엔나 협약 미 가입 국가이므로 가능, 이러한 지위를 이용하여 기술력을 축적하고 있다. 네바다 주 자동차 국장인 Bruce Breslow가 구글의 로비스트로부터 전화를 받은 뒤 자율주행기술 시험 동의했다. 네바다 주 이후 캘리포니아주, 아리조나주, 하와이주 등에서 자율주행자동차 사용허가 후 2017년 미국 33개 주가 자율주행 입법 완료한 상태다.

시험주행의 요건으로 500만 달러의 보험가입 조치 요구했고 이러한 입법조치와 함께 자율주행자동차의 시험거리가 급격히 증가하게 되었다. 노스캐롤라이나 주의 경우 완전자율자동차 운행이 가능하며 운전면허 불필요하다. 단 자율주행자동차에 12세 이하의 사람이 탑승하면 반드시 성인이 동승해야 한다.

美, 자율주행자동차 법제화 경과 및 Waymo 시험 거리

2009	2011	2012	2012~2015	2016	2017	2018.5 현재
구글카 시범 운영	구글카 사고 발생 (적용규정 없음)	자율주행자 동차 합법화 (캘리포니아)	캘리포니아, 플로리다, 애리조나, 오클라호마, 하와이, 미시간주 워싱턴DC, 테네시, 유타 합법화	NHTSA 자율주행 가이드 V1.0	자율주행법, NHTSA 자율주행 가이드 V2.0	-
구글 Waymo 자율주행자동차의 주행거리						
100만km				200만km	400만km	500만km

美연방교통부(DOT) 산하 도로교통안전국(NHTSA:National Higway Trafic Safety Adminstration)은 구글 자율주행자동차의 인공지능(AI) 자율주행컴 퓨팅시스템을 운전자로 인정했다. 미국교통부(DOT)는 자율주행자동차의 사고발생시 소유자, 운영자, 승객, 제조 업체간의 책임할당 방법 및 보험 목적을 위해 자동차 보험을 소유해야하는 사람을 고려(운행자 책임)토록 했다.

② 독일

2017.5. 독일은 도로교통법 개정을 통하여 자율주행을 합법화 한 후 인간 운전자 탑승을 전제로 한 입법을 최초로 한 국가가 되었다. 2017년 10월 25일 독일 철도청은 바이에른 남부도시 바트 미른바흐에서 자율 주행 미니버스를 근거리 대중교통으로 투입(안전관리자 탑승)했다. 또한 시스템을 적절히 관리하고 주의의무를 다한 경우에는 인간운전자는 면책됨을 입법적으로 명시했다. 인간탑승을 전제로 한 자율주행을 세계 최초로 입법화 한 것에 큰 의의가 있다.

③ 스위스

스위스의 경우 국내법 개정 없이 자율주행자동차의 시험운행을 허가했다. 이러한 자율주행자동차의 허용성은 2014년에 개정 된'비엔나 도로교통협약' 제8조 제5항의 2에 근거한다. 협약이 "주행시스템이 운전자에 의하여 조향되고 제어될 수 있는 경우"로 개정 된 후 비엔나협약 가입국은 합법적으로 자율 주행차를 운행 시작했다.

④ 일본

일본은 자율주행 로드맵 수립을 통해 국제적 리더쉽, 안정성, 사회 수용성을 전제로 혁신이 촉진되도록 제도 정비 추진 중이다. 자율주행로드맵을 2014년 이후 매년 업데이트하고 있고 이후 2017년까지 순차로 발표 중이다. 2017년 로드맵은 고도운전에 관련한 제도정비 검토항목을 체계적으로 도출 하여 자율주행자동차 시스템 정의, 안전기준, 교통규칙, 사고 시 책임 등을 망라한 법제화를 추진하겠다는 계획을 수립했다. 이 로드맵은 미국 SAE 자율주행자동차 레벨을 적용한 자율주행자동차를 기준으로 제시하고 있다.

⑤ 한국

도로교통법, 자동차관리법, 자동차손해배상 보장법에 의하여 규정하고 있다.

- 도로교통법(경찰청): 도로에서 일어나는 교통상의 문제 해소 및 안전한 운행을 규제하는 법으로서 '사람'을 운전자로 상정하고 사람에 의한 핸들과 브레이크의 조작이 필요. 즉, 현재 자율주행자동차의 운행은 도로교통법과는 배치됨

- 자동차 관리법(국토교통부): 자동차의 관리 및 성능과 안전의 확보를 위한 법률로서 자율주행자동차의 정의 및 시험운행의 근거가 되고 있음. 자율자동차는 운전자 또는 승객의 조작 없이 자동차 스스로 운행이 가능한 차로 정의. 동법 시행규칙은 자율주행자동차의 안전운행 및 시험운행에 관한 요건을 규정하고 있음
- 자동차 손해배상보장법(국토교통부): 자동차의 운행으로 인한 손해에 대한 보상을 제도를 규율하는 법으로써 자동차 보유자에 대한 보험가입의무 명시, 임시운행의 경우에도 자동차 손해배상보장법에 따라 보험가입 의무화

- 제조물책임법(공정거래위원회): 제조물의 결함으로 발생한 손해에 대하여 제조업자의 책임을 규율. 자율주행자동차는 제조물책임법상 제조물에 해당하나 SW는 제조물로 볼 수 없어 제조물 책임을 물을 수 없음 단, 임베디드 SW로 해석 시 책임 부과가 가능

- 임시주행의 허가: 자율주행자동차 안전운행요건 및 시험운행을 자동차관리법 시행규칙을 통해 규율(운전자 탑승을 전제로 함). 자율주행자동차의 시험주행을 위하여 국토교통부 장관의 임시운행허가를 필요로 하며 '자율주행자동차의 안전운행요건 및 시험운행에 관한 규정(현행 2017.3.31.)'은 사전시험주행(5,000km)을 요구. 자율주행자동차의 제작대상 및 방법과 관련하여 "자동차 관리법에 따라 자기 인증이 완료된 차이여야 한다고 하고 예외로서 자기인증능력을 충족한 자동차 제작자는 그러하지 아니하다"라고 규정

- 자율주행자동차의 사고책임: 3단계 레벨을 감안한 임시운행 허가에 대한 사고책임은

현행법에 따라 시험운전자가 부담. 자동차손해배상보장법은 운전자가 다른 사람을 상해한 경우에는 그 손해를 배상할 책임을 묻고 있어 운전자가 손해발생 책임을 짐. 형사상 책임의 경우 자율주행자동차 탑승자가 사고발생 후 조치의무 위반시 도로교통법 위반에 의한 처벌은 가능하나 특정범죄가중법상의 자동차에는 자율주행자동차가 포함되지 않아 처벌대상에는 되지 않음

(2) 국내외 입법안 비교

미국은 연방국가로 각 주의 주법을 기초로 하고, 한국과 일본은 각 부의 시행령으로 자율주행자동차의 주행에 관한 사항 규율하고 있으며, 독일은 도로교통법 개정을 완료했다. 자율주행 자동차와 관련된 입법은 성문법 국가로 대변되는 독일을 포함한 유럽·일본·한국과 불문법 국가인 영국 미국 법상의 차이가 있다.

미국의 경우 새로운 기술 출현 시 이를 제재할 법령이 없어 규제의 대상으로 하기 어렵다. 그러나 자율주행자동차의 사고 발생 등을 계기로 안전기준 등을 규제하기 시작했다. 성문법 국가인 독일의 경우 자율주행입법을 비엔나 협약개정 이후 완비했다.

각 국가별 입법은 도로교통 관련 당국이 자율주행자동차를 규제하고 있다. 미국, 일본, 독일, EU 등은 자율주행 SAE 기술단계를 고려한 규제 기준을 수립하고 있다. 우리나라를 제외한 대부분의 국가가 입법화 하지는 않더라도 SAE 기준을 적용한 법제화하고, 가이드라인 수립 및 정책수립에 반영하고 있는 것이다. 완전자율주행자동차의 경우 시스템 책임 및 제조물책임이 당연시 될 것이지만 반자자율주행자동차의 경우 시스템(제조물 책임) 또는 인간운전자간의 책임 여부가 중요한 이슈가 된다.

국가별 자율주행자동차 주행 근거

미국	한국	일본	독일
연방법+ NHTSA + 각 주별 입법 (각 권한 배분)	자동차관리법 자동차관리법시행령 (국토교통부령)	도로교통법 경찰청 취급기준 (공도실증실험 가이드라인)	연방법 (세계최초) 도로교통법

미국은 완전자율 주행차 운행을 허용하고 있고, 독일은 운전자 탑승을 전제로 한 자율주행자동차(3~4단계)를 인정했다. 일본은 원격형 자동 운전을 도입한 상태로 운전자 탑승을 전제로 한 규제를 원칙으로 하나 원격 자율주행 자동차라는 개념(원격형 자동운전시스템)도입을 통하여 무인자율주행자동차 기술 개발에 박차하고 있다.

우리나라의 경우 아직까지 운전자 탑승을 전제로 한 자율주행차 시험운행을 국토교통부령으로 허가하고 있는 실정이다.

국가별 자율자동차 주행 허가 기준

미국	한국	일본	독일
5단계 완전자율 주행자동차 운행 (상용화)	3단계 자율주행 자동차 (시험운행)	4~5단계 허용 원격자율주행자동차 (시험운행)	3단계자율주행 자동차 (상용화)

미국의 경우 3단계 레벨인 경우 개인 또는 시스템, 5단계 레벨인 경우 상업적 이용을 하는 개인은 면책대상이 된다. 독일의 경우 자율주행자동차의 사고발생시 일반 자동차에 비하여 책임한도액을 2배로 증액하였다. 일본의 경우 자율주행자동차의 시험과 관련한 책임은 운전자에게 부과되어 있지만 원격형 자동운전시스템의 경우 감시·조작자가 법상의 운전자로서 의무와 책임이 있는 것으로 규정하고 있다. 우리나라의 경우 자율주행자동차의 임시운행신청자(운전자)가 사고 책임을 진다.

우리나라와 기술선진국과의 자율주행자동차 관련 입법 비교 시 상용화를 위한 입법절차가 지연되는 경향이 있다. 자동차 선진국인 미국, 독일은 이미 자율주행자동차가 일반도로에서 운행 가능한 제도 완비했다. 일본 역시 아직 법제 완비를 하지는 않았으나 로드맵 발표 및 동경올림픽을 대비하여 5단계 레벨의 자율주행자동차 시험을 진행 중이다.

국가별 자율주행자동차 책임 소재

	미국	한국	일본	독일
3단계 자율주행	개인 또는 시스템	운행 신청자	운행 신청자	개인 또는 시스템(제조업자) 일반차에 비해 2배책임
5단계 자율주행	상업적 이용 시 개인 면책		원격관리자 및 시스템조작자 책임	

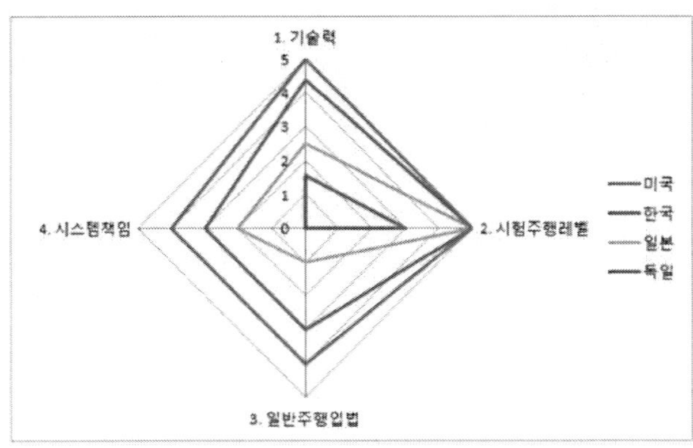

1. 기술력 : Navigant Research 순위 5점척도 환산
2. 시험주행레벨 : SAE 기준 적용
3. 일반주행입법 : 美 각 州 입법 기준, 日 가이드라인 수립 적용
4. 시스템 책임 : 인정=5 / 사업적 이용 限 인정 = 4 / 인간 ->시스템 인계시 3 /시험단계 인정 = 2/ 불인정 = 0

국가별 자율주행자동차 기술력 및 법제 비교

3. 상용화 지원 방안

정부는 자율주행차 산업을 육성하기 위해 각종 규제를 일정 기간 면제 또는 유예해주는 '규제 샌드박스'를 도입하기로 했다. '자율주행차 분야 선제적 규제 혁파 로드맵'을 통해 2020년까지 운전자 범위에 자율주행 시스템을 포함시키고 2026년 이후에는 자율주행차 전용 면허를 신설하기로 했다. 하지만 여전히 미국 캘리포니아, 애리조나 등과 같은 파격적 규제완화는 없는 상황이다. 일본은 최근 2020년 자율주행차 상용화를 위해 도로교통법을 개정하기도 했다.

전문가는 이밖에 국내 자율주행차 산업이 발전하기 위해 △사용자 경험을 반영한 육성정책 △기술기업-완성차 업체 간 대등한 협력을 보장하는 제도적 장치 △규제 중심 법제 개선 등이 필요하다고 강조했다. 정책 측면에서 '탁상공론'이 아닌 산업에 실질적으로 도움을 줄 수 있는 방안을 마련해야 한다는 것이다. 이는 기술 개발 차원을 넘어 경쟁력을 높이고 나아가 발전적 산업 생태계를 구성하기 위한 노력을 뜻한다.

구분	2015년	2018년	2020년
목표	• 범 정부 지원체계 구축	• 일부 레벨 3 평창올림픽 시범운행	• 3(부분자율) 일부 상용화
정부지원	• 시험운행 - 자율주행차 법규정 반영 - 허가요건 마련 - 실증지구 지정 착수 - 자율장치 장착 허용 - 보험상품개발 • 인프라 구축 - GPS 오차 개선	• 인프라 구축 - 시험노선 정밀 수치지형도 - GPS 보정정보 송출 - 고속도로 테스트베드 구축 - 차량 간 주파수 배분 • 기술개발 - 해킹보안 자동차 기준 반영 - 캠퍼스 운행시범	• 상용화 지원 - 자동차기준, 보험상품, 리콜·검사제도 • 인프라 구축(전국) - 차선정보 제공 - V2I 지원도로 확대 • 기술개발 - 실험도시 구축 - 실도로상 C-ITS 연계
이벤트	• 고속도로 주행지원 시스템 (일부 레벨2) 상용화 • 레벨3 개발 착수(완성차)	• 관람객 등 셔틀서비스 제공 (안전성, 가능성 검증)	• 자율주행차 생산·판매

자율주행자동차 사용화 지원 방안

국내 기업의 자율주행 산업에 대한 준비는 양호한 편으로 평가했다. 다만 자율주행 부문 연구개발(R&D)이나 전문인력의 경우 여전히 부족하다고 평가했다. 실제 국내 완성차·부품 업체가 R&D는 하지만 원천 기술을 확보한 곳이 없는 실정이다. 자율주행 솔루션 전문 업체도 전무하다. 고객 서비스를 통한 자율주행 실험 데이터를 얻을 수 있는 차량호출(카헤일링) 서비스도 부족하다.[60]

(1) 규제 개선 및 제도 정비

① 도로 시험운행 허가제도 마련

[61]2016년 2월부터 자율주행 자동차 임시운행 허가를 위한 자동차 관리법 개정안이 시행되면서 요건을 갖춰 신청절차를 거치면 실제 도로에서 시험운행을 할 수 있게 되었다. 따라서 현재 2015년부터 시험구간으로 지정한 6개 구간(고속도로 1개 구간 41km 및 국도 5개 구간 총 319km)에서 자율주행자동차 시험운행이 가능해 졌다. 특히, 허가 요건은 국토부의 지침으로 첨잔안전장치 안전성 평가기술 R&D(2009~2017)를 통해 마련하였다. 이 요건에는 숙련된 운전자 탑승, 보험가입, 기능해제 장치 설치, 시험운행지역 설정 등이 포함되어 있다.

국토부는 또한 자율주행 자동차에 대해 시험연구 단계에서는 자율조향장치의 장착이 가능하도록 '자동차 기준'에 특례를 부여하였다. 이는 자율주행 시스템의 임시운행을 허용한다는 것을 의미한다. 이 외에도 시험운행 보험 상품을 개발하는 중이다. 자율 주행차 보험료 산정방법과 사고 처리방안 등은 제작사 도로 시험운행 계획에 맞추어 보험업계와 협의를 마련하는 방식으로 진행 중에 있다.

산업부는 지능형자동차의 주행시험장(대구)를 활용하여 중소·중견부품업체의 자율주행 부품 기술개발과 성능향상을 지원하고 있다. 다양한 자율주행 조건을 시험할 수 있는 환경과 시험설비 구축, 부품 평가 기술 및 시나리오 개발, 지자체 실증단지와 연계 등 여러 노력을 하고 있다[62].

60) 국내 자율주행차 전문가 진단…"기업 준비됐지만, 정부는?", 전자신문. 2019.01.01
61) 국토부, 자율주행차 상용화 지원방안, 2016.05.06
62) 출처 : 매일신문, 2014.01

대구 지능형교통시스템 기반 지능형자동차부품주행시험장

특히, 자율주행자동차의 부품 전자시스템의 설계와 검증 등 전 분야에 대한 안전성 확보를 위해 기능안전(ISO26262)[63]확보 지원체계 구축에 힘쓰고 있다. 중소·중견기업들의 기능안전 도입 수준을 고려한 단계별 맞춤형 교육 프로그램을 제작하고, 업체 재직자 대상 교육을 실시하고 있다. 또한, 중소중견기업들의 자율주행 자동차 핵심부품 개발을 위해 기능분석을 통한 개념단계 자료를 개발하고 관련 업체에 배포하는 등의 노력을 하고 있다. 여기서 개념단계란 자동차OEM 및 대형부품업체 수행영역으로 핵심부품 개발을 위한 사전단계를 의미한다.

② 법 제도 정비

먼저, 우리나라는 국제기준 제·개정에 참여하고 자율주행장치 관련 자동차기준을 마련하였다. 2012년 마련된 차선이탈경고장치(LDWS)와 자동비상제동장치(AEBS) 관련 기준을 2016년 제작사와 협의를 거쳐 기준에 반영하였다. LDWS와 AEBS는 2013년부터 올해의 안전한 차 평가(K-NCAP)에서 장착 시 가점을 부여하고 있어, 현재는 제작사와 의무화시기를 협의 중이다.

현재 자율주행자동차의 상용화에 있어 가장 논란이 많을 것으로 예상되는 분야로는 교통사고와 관련된 민·형사상 책임소재 문제와 이에 따른 보험문제이다. 앞에서 언급했듯이, 교통사고가 발생했을 때 이를 처리할 수 있는 법적 근거는 마련되어 있지 않아 레벨 4에 해당하는 완전자율주행 모드로 운행할 경우의 사고는 현행법을 적용하기 어렵다.

63) 유럽 완성차 업체 주도로 제정한 차량 전기전자장치의 기능안전 요건을 정의한 표준.

따라서, 자율주행자동차의 임시운행 허가 시 자「동차손해배상 보장법」에 따른 보험 가입을 의무화하여 만일의 사고에 대비하도록 하였다. 실제로 임시운행 첫 허가를 받은 현대자동차 제네시스 차량의 경우 대인은 무한, 대물은 1억 원 한도의 보험에 가입했으며, 이는 자율주행자동차를 위한 별도의 보험 상품이 아니라 차량을 테스트하는 연구원을 지정해 기존 상품에 가입한 것이다.[64]

또한, 국토교통부는 자율주행자동차 사고를 우선적으로 자동차 보험으로 처리하고 특별히 차량결함이 밝혀지면 제작사가 구상 즉, 제조물보험책임 하도록 방안을 검토하였다. 최근 손해보험협회는 자율주행 자동차 상용화 대비를 위해 미래산업부와 국토교통부, 금융당국, 학계와 업계 등과 함께 자율주행자동차 협의체를 구성할 계획을 밝히기도 하였다.[65]

(2) 자율주행 기술개발 지원

① 자율주행자동차 실증지구 지정

대구시가 추진 중인 미래형 자율주행차 실증도시 조성 사업이 속도를 내고 있다. 자율주행차 상용화의 핵심인 실증도로 구축, 지능형교통시스템 구축을 위한 차량 개발을 연말까지 마무리하는 한편 실증 과정에서 수집한 빅데이터를 처리할 분석센터 조성 사업에도 뛰어들 계획이다.

대구시는 2019년 5월까지 범정부 차원에서 추진 중인 자율주행차 연구개발 기반 조성 사업에 참여할 계획이다. 2021년부터 2027년까지 이어지는 이 사업은 총 사업비 5천100억원 규모다. 자율주행 융합지원센터 구축과 자율주행 실증, 미래형 자율주행차의 산업생태계 조성 등이 목표다. 사업 핵심은 '자율주행 융합지원센터'다. 자율주행차량이 상용화되려면 도로와 차량 실증 과정에서 주변 지형지물 인식과 차량 속도, 위험도 등 방대한 빅데이터를 수집·분석해 실제 차량에 적용해야 하기 때문이다. 대구시는 수성알파시티에 조성 중인 스마트시티에 자율주행 융합지원센터를 구축, 기술개발부터 상용화까지 통합 지원이 가능한 완성형 테스트베드를 구축할 방침이다.

실제 도로에서 자율주행차를 시험, 평가할 수 있는 도로 인프라도 마련된다. 시는 올 연말까지 1단계 사업으로 44억원을 들여 대구수목원에서 대구테크노폴리스를 잇는 12.95㎞ 구간에 실증도로 구축사업을 마무리할 예정이다. 이곳에는 도로계측 및 통신 인프라와 통합관제 플랫폼이 들어설 전망이다.

---

64) 국토교통부, [Q&A] 자율주행차 상용화 지원 방안, 2015.05.06.,Avaiable at: http://www.korea.kr/policy/economyView.do?newsId=148794774
65) 머니투데이, 전혜영, "손보협회, 자율주행차 상용화 글로벌 협력 추진", 2016.06

차세대 통신망인 5G 기술을 이용, 차량사물통신(V2X)을 하며 스스로 운행하는 '안심 자율주행 셔틀'도 올 연말까지 제작이 완료된다. 시는 올해 34억원을 들여 자율주행 부품을 실증할 12인승 전기차 2대와 자율주행 제어기 및 실차 탑재 기술 등을 개발할 계획이다. 이 차량은 자율주행 부품을 검증하고 주행 데이터를 확보하는 역할을 하게 된다. 대구시 관계자는 "완성형 테스트베드가 구축되면 세계 최고 수준의 자율주행차 실증도시로 떠오를 것"이라고 말했다.[66]

수성 알파시티 구상도, 출처: 대구시

② 자율주행 실험도시(k-city) 구축

K-시티는 세계 최초로 5G 통신망을 갖추고, 자동차 전용도로·도심부·스쿨존·교외도로·자율주차 등 5개 실제 환경을 재현한 세계 최고 수준의 자율주행차 시험장이다. 미국에 있는 세계 최초 자율주행차 실험도시인 M-시티보다 3배가량 큰 32만㎡(약 11만평) 규모로 125억원을 투자해 구축했다.
세계 자율주행 기술은 레벨 3~4단계 수준으로 완성 단계에 이른 가운데 제조사들이 개발한 자율주행 기술을 철저하게 검증할 수 있는 토대가 K-시티에 마련돼 있다. 지난해 말 민간에게도 개방을 시작해 현대차 등 자동차 제작사뿐만 아니라 부품사인 만도를 비롯해 삼성전자와 LG전자, SK텔레콤과 KT, 네이버 등 80여개 민간기업과 연구원, 학교가 자율주행차 기술개발을 위해 주행시험장을 공동으로 활용 중이다.

현재 국내 자율주행차 기술 개발은 고도화 작업이 한창이다. 이를 위해 정부는 2022년까지 K-시티에 310억원을 추가 투자해 다양한 실험 환경을 구축하기로 했다. 비, 안개, 일조 등 기상환경 재현이 가능한 시험환경을 비롯해 도심 빌딩숲, 터널, 지하차도 등 통

66) 대구시, 미래형 자율주행차 실증도시 조성 가속도, 매일일보. 2019.02.11.

신 사각지대 등 다양한 추가적인 환경을 조성해 여러 조건에서 자율주행 실험을 가능하게 한다는 계획이다.67)

K-CITY 조감도, 출처: 국토교통부

③ 자율주행차 근거리 시범서비스 사업

미래부에서는 자율주행의 신뢰성을 확보하기 위해 근거리 공유차량 실증서비스를 실시하고 있다. 자율주행 및 자동주차 기능의 소형 전기 동력 차량을 이용하여 공공기관 및 민간의 업무용으로 또는 대중교통과의 연계를 추진하는 것이다. 우리나라는 도로가 매우 복잡하고 제도 기반이 아직 미흡하기 때문에 국지도로에서 자율주행 자동차 기술 개발 및 시범사업을 통해 차별화된 서비스 모델을 개발하는 것이 더 유리할 것으로 보인다.

(3) 자율주행 지원인프라 확충

국토연구원 국토인프라연구본부는 연구보고서 '자율주행 시대에 대비한 첨단 도로 인프라 정책 방안'에서, 자율주행차의 도입 정도에 따라 단계별로 첨단 도로 인프라를 구축해야 한다고 제안했다. 보고서에서는 2020년대 초반으로 예상되는 자율주행차 도입 시기를 3단계로 구분하고 이에 대등한 도로 인프라 구축안을 내놓았다. 이에 따르면 도입 초기 단계에선 차세대 지능형 교통시스템(C-ITS) 구축이 필요하다. 현재의 지능형 교통시스템(ITS)은 차량이나 운전자에게 실시간 교통정보를 알려주는 데 머물러 있지만, 이

67) 세계 최대 자율주행차 기술개발 산실 'K-시티', 이데일리, 2019.01.20.

시스템은 차량 간, 차량과 도로 및 컨트롤타워 3자 간 쌍방향 실시간 정보 소통이 가능한 것이 특징이다. 오성호 연구위원은 "정부가 내년 중 제주를 포함한 일부 지역에서 시범구축 사업을 벌일 예정인 것으로 알고 있다"고 말했다.

보고서는 자율주행차량이 일정 수준 이상 증가하면 자율주행차 전용로를 만들어야 한다고 지적했다. 두 유형의 차량이 섞여 다닐 경우 돌발 상황이 늘어나 교통 흐름을 방해할 수 있기 때문이다. 이렇게 하면 정속 군집 주행이 가능해져 수송능력이 2.5배 늘어날 것이라고 예측했다. 국토연구원은 이 단계로의 진입 기준을 자율주행차가 통행량의 25~30%에 이르는 때로 본다. 오 연구위원은 "2030년쯤 이 단계에 이를 것으로 본다"며 "이때는 자율주행차에 특화된 유도 표지 등의 첨단 인프라가 더 추가돼야 한다."고 말했다.[68]

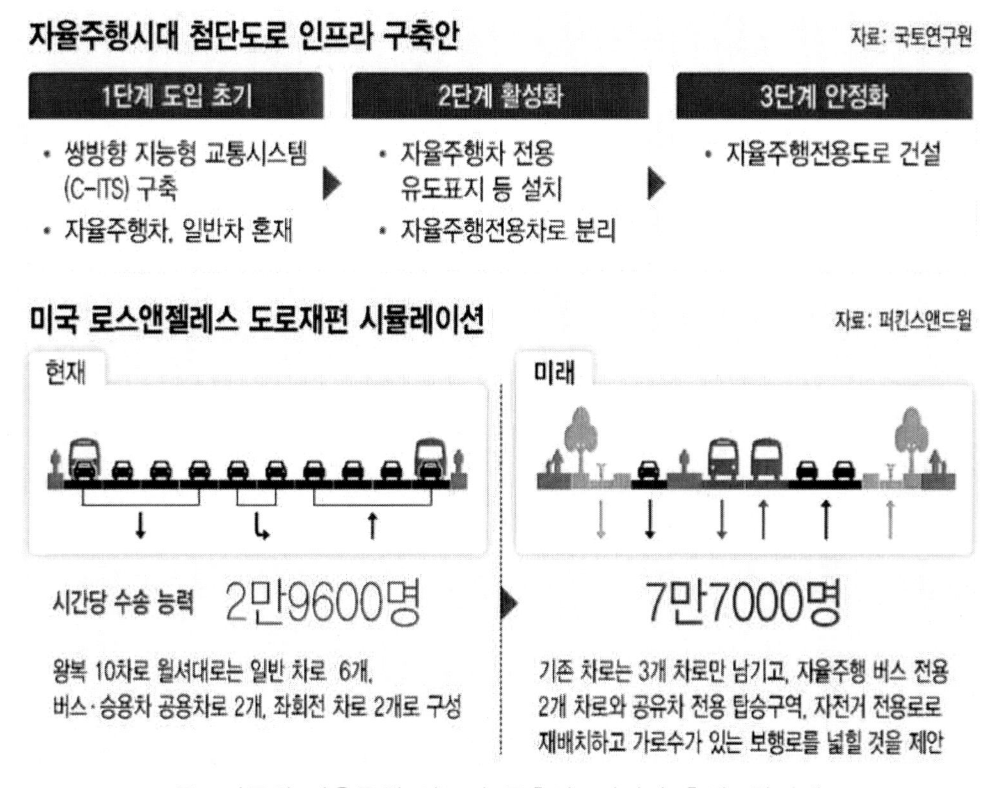

국토연구원 자율주행 인프라 구축안, 이미지 출처: 한겨레

4. 조기상용화를 위한 개선과제

우리나라는 선진국에 비해 뒤처진 자율주행기술 개발을 앞당기고 이를 자동차 산업의 신성장 동력으로 발전시키기 위해서는 산·학·연이 자유롭게 연구할 수 있도록 요건을 마련해야 한다. 특히, 향후 교통사고와 관련한 책임소재 문제와 보험문제, 이를 위한 국제협

68) 자율주행시대, 문제는 기술 아닌 도로인프라, 한겨레, 2017.11.20

약 관련 문제, 보안 문제 등을 해결해야 하는데, 우선적으로는 임시운행 관련 규제를 완화하고 실증단지를 확충, 또한, 보험문제 해결을 통해 자율주행자동차의 개발환경을 개선하는 것이 필요하다.

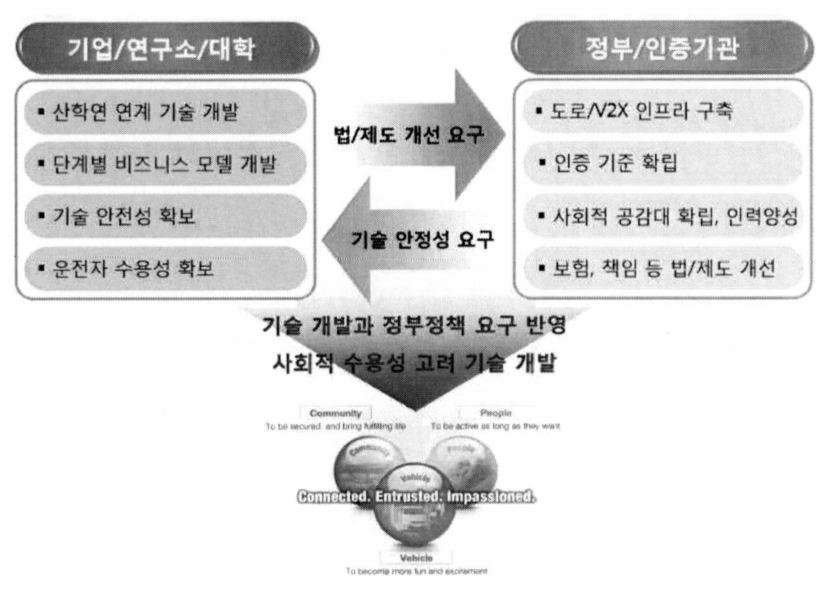

조기상용화를 위한 개선과제

(1) 임시운행 규정 완화와 규제 프리존 특별법

현재 시행되고 있는 임시운행 규정은 사전시험주행, 각종 장치 탑재, 운전자 탑승 의무 등 요건이 까다로운 편이다. 자동차관리법 시행규칙 제26조의2 및 국토부 고시 제2016-46호 「자율주행자동차의 안전운행요건 및 시험운행 등에 관한 규정」에 따르면, 고장감지 및 경고장치 탑재, 운행기록장치·영상기록장치장착, 운전자 포함 2인 이상의 시험요원 탑승 등 안전운행요건을 구체화하고 있다.

이와 같은 차량의 구조 및 기능에 대한 규제와 탑승인원을 제한하고 있는 규제를 완화하여 다양한 형태의 자율주행자동차를 시험할 수 있도록 하고, 운전자 탑승의무를 없애 무인 자율주행자동차의 시험도 허가할 수 있도록 개선해야 한다. 또한, 자율주행자동차 고시 제 17조 등에 따르면 자율주행자동차 관련 규정은 조향핸들, 변속레버 등 일반적인 자동차의 구조를 전제로 하고 있다. 자율주행자동차를 기존 자동차의 하위 개념으로 정의한다면, 개발자들의 연구 및 투자를 저해할 수 있으므로 이도 속히 개선해야할 것이다.

임시운행 규정 완화뿐만 아니라 자율주행자동차 관련 법령을 바꿔야할 필요가 있다. 하지만, 현재의 법령을 일시적으로 바꾸기는 어려운 일이고 기존관련법의 제·개정을 기다리기에는 너무 시간이 오래 걸리는 일이다. 따라서 규제프리존 특별법과 같은 특별법을 통해 시급한 문제를 해결하는 것이 바람직한 일 일수 있다. 규제프리존 특별법은 수도권

을 제외한 14개 시·도의 신청을 받아 전략산업을 두 개씩 지정, 이를 육성하기 위해 업종·입지 등 핵심규제를 풀어주고 필요한 재정·세제·금융·입지·인력도 지원하는 제도를 말한다.

이미 2015년부터 스위스, 그리스, 네덜란드 등 유럽 곳곳에서는 무인 자율주행버스가 운행되기 시작되었으며, 최근 일본도 프랑스 EasyMile사의 'EZ10'이라는 자율주행 버스를 수입해 셔틀버스 시험운행을 시작하고 있다.

(2) 실증단지 확충

앞에서 언급했듯이 정부는 화성시에 실험도시인 K-City가 구축되었고, 이보다 빨리 민간에서는 자체적으로 조성한 주행시험장이 완공될 예정에도 있다. 그러나 실험을 위한 가상도시 구축과 관련한 규제로 건설이 계속해서 늦어지고 있다. 따라서 실증단지 건설의 애로사항을 해소하고 국내외 자율주행자동차 개발업체들이 한국을 주요 테스트베드로 활용할 수 있도록 정책적 지원을 해야 한다.

(3) 자율주행자동차 사고의 입법공백 대비

자율주행자동차 사고책임을 정의하기 위해서는 국제법 개정 등 시일이 오래 소요될 것으로 보여, 관련법이 개정되기 전에는 별도의 보험 상품을 통해 자율주행시스템과 운전자 간의 책임관계를 설정해야 한다. 최근 일본에서는 도쿄해상일동화재보험이 자율주행 시험차량을 위한 손해보험상품 개발을 발표하였으며, 향후 자율주행자동차 상용화를 겨냥한 새로운 보험상품 개발도 염두에 두고 있다. 또한, 영국의 아드리안 플럭스(Adrian Flux)도 자율주행자동차 전용 자동차보험을 개발해 현재 시판되는 자율주행 자동차인 테슬라의 '모델S' 소유자가 가입할 경우 자율주행 모드로 운행 시 발생하는 대부분의 사고에 대해 보상을 받을 수 있게 하고 있다.

Ⅱ. 자율주행자동차가 가져온 미래 사회의 변화

완전한 자율주행 시대가 도래하면 우리의 일상과 사회 구조에는 큰 변화가 일어날 것으로 전망된다. 마차에서 자동차로 교통혁명이 일어났을 때 사회가 변모했듯, 운전자 없는 자동차의 등장은 산업, 경제, 도시 풍경, 생활방식 전반에 걸쳐 새로운 모습들을 만들어낼 것이다.

이동한다는 것은 무언가를 하기 위해 어쩔 수 없이 거쳐야 하는 파생적인 과정이다. 인류는 오랜 시간 동안 어떻게 하면 안전하고 편리하게 빨리 이동할 수 있는지에 대해 끊임없이 노력해 왔다. 이를 달성하면 같은 시간에 더욱 다양하고 많은 활동을 할 수 있기 때문이다. [69]

그렇다면 자율주행은 이동에 어떤 의미를 가질까? 자율주행은 이동에 관여하는 사람, 도로, 차량 중 사람의 역할을 자유롭게 해준다. 사람이 해야 할 역할을 차량과 도로가 대신 해줌으로써 안전성과 편의성을 가져다주고 이동성을 극대화해준다. 이렇게 자율주행과 교통의 3대 목표인 안전성, 편의성, 이동성과의 관계를 통해 우리 사회에 어떤 변화가 일어날 것인지 살펴 볼 것이다. 또한, 환경적 변화에도 어떤 영향을 주는지 설명하도록 하겠다. 또한, 자동차 산업, 교통 산업, 보험 산업에는 어떤 영향을 미치는지 따라서 어떤 직업이 유망에 오를지 등에 대해서 이야기해보고자 한다.

1. 사회의 변화

(1) 교통안전의 비약적 향상

가장 기대되는 변화는 교통사고 감소이다. 오늘날 대부분 교통사고는 인간 운전자의 부주의나 실수에서 비롯된다. 음주운전, 졸음운전, 난폭운전 등은 매년 수많은 인명 피해를 내고 있다. 자율주행차가 보급되면 운전자 요인 사고가 크게 줄어들 것으로 예상된다. 기계는 졸지 않고, 감정에 치우치지 않으며, 360도 주변을 동시에 인식할 수 있다. 일관된 안전제어 원칙 아래 동작하는 자율주행차들은 차량간 충돌과 보행자 사고를 최소화할 잠재력이 있다. 일부 분석에서는 완전 자율주행차가 보편화될 경우 교통사고 사망자를 현재의 10분의 1 이하로 줄일 수 있다는 전망도 나온다. 이것은 사회적 비용 절감과 생명 보호 측면에서 혁명적인 변화다.

우리나라에서는 연간 5천여 명이 교통사고로 사망하고, 수십만 명이 다치고 있다. 1960년 중반 베트남전 파병 한국군 사망자 수가 5,099명이었음을 볼 때, 전쟁에서 사망한 군인 수만큼 매년 교통사고로 사람들이 죽어가고 있는 것이다. 미국에서도 교통사고로

69) 한국도로공사 교통연구실장 남궁성, 2016년 제5차 직업연구 통합 포럼

인해 연 3만 3,000여 명, 중국에서는 한 해 26만 명 가까이 사망하고 있다. 이런 교통사고의 원인은 대부분이 판단 실수 등 운전자의 부주의에 기인하고 있다.

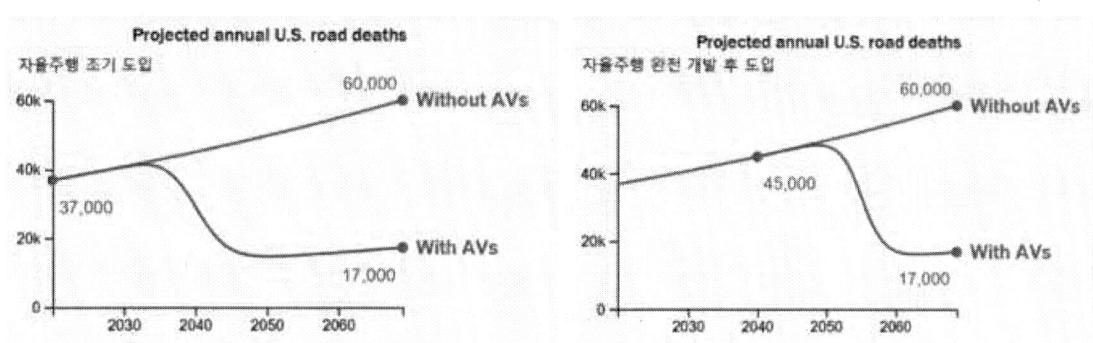

자율주행 도입 시기에 따른 미국 연간 교통사고 사망자 변화 전망, 출처: RAND. 2017

실제로 미 교통안전국(NHTSA)의 분석에 따르면, 미국 내에서 발생한 교통사고 가운데 94%가 운전자에 기인하였으며, 차량의 기계적 결함 원인 등은 2% 이하로 나타났다. 이렇게 사람이 좀 더 조심했으면 일어나지도 않았을 수도 있었던 것임을 감안할 때, 사람의 역할 없이 이동성을 제공하는 자율주행시스템은 고도의 안전성을 가져온다고 할 수 있다. 특히, 자율주행을 담당하는 인공시스템은 많은 데이터가 축적될수록, 시간이 지나 다양한 상황에 노출될수록 더욱 완전해지는 체계를 가지고 있다.

또한, 이런 사고를 막아주는 자율주행시스템으로 인해 비용절감의 효과를 볼 수도 있다. 모건 스탠리는 자율주행시스템이 사람의 실수 가능성을 막아줌으로써 미국 내에서만 연간 3만여 명의 생명과 무려 4,880억 달러의 사고처리 비용을 절감할 수 있을 것으로 추산하고 있다.

(2) 모빌리티의 편의성과 포용성 증대

자율주행차는 이동의 편리함을 극대화한다. 운전자가 직접 조작하지 않아도 되므로 차량 내부는 일종의 이동하는 거실이나 사무실이 될 수 있다. 이동 중에 운전 대신 업무를 보거나 영화를 보는 등 유익한 시간 활용이 가능해진다. 또한 장애인, 고령자 등 운전이 어려운 계층도 자율주행 서비스를 통해 자유롭게 이동할 수 있게 된다. 현재 운전 면허가 없는 사람들도 로보택시를 호출해 어느 곳이든 갈 수 있는 세상이 열린다. 이는 교통약자의 이동권 신장 측면에서 큰 의미가 있다. 한편 어린 자녀 혼자 자율주행차를 태워 학교에 보내거나, 반려동물만 태워 동물병원에 보내는 등의 새로운 이동 서비스도 상상할 수 있다.

국토부에서 제시한 자료에 의하면, 자율주행 시대가 오면 개인당 하루 평균 50분, 연간 12일의 여유시간이 창출된다고 한다. 또한, 통계청의 2014년 생활시간조사 결과를 살펴

보면, 우리나라 국민은 하루 1시간 29분을 어디론가 오고가는데 쓴다고 한다. 고속도로의 경우 하루 약 4백만 대의 차량이 평균 2시간가량을 고속도로위에서 이동에 쓰고 있고, 이는 전체 약 800만 시간에 해당됩니다. 이것을 사람 수로 따지면 무려 수천만시간이 고속도로위에서 매일매일 어디론가 오고가는데 사용되고 있다는 의미이다. 만약 모든 차량이 자율주행기능을 갖추면 이 시간이 다른 어떤 활동을 하는데 쓰이게 되고 그렇게 되면 추가의 생산과 소비가 이루어져 여러 사회경제변화에 큰 영향을 미치게 되리라 예상된다.

이외에도 시각장애인 등 장애인과 운전면허를 보유하지 않은 잠재소유자까지 혜택을 볼 수 있을 것으로 전망하고 있다.

(3) 교통체증 완화와 효율적인 교통관리

자율주행차는 차량들 간 네트워크로 연결되어 전체 교통 흐름을 최적화할 잠재력이 있다. 모든 차량이 서로 위치와 속도를 공유하며 중앙 관제와 연동된다면, 급정거나 급가속이 줄고 교차로 통과도 신호체계 없이 부드럽게 이뤄질 가능성이 있다. 플래투닝(Platooning)이라 불리는 군집주행 기술로 트럭들이 밀집대열을 이루면 고속도로 용량을 늘리고 연료 효율을 높일 수 있다. 또한 자율주행차는 필요시에만 도로에 나와 최소한의 빈도로 이동할 수 있으므로, 전체 차량 대수를 줄이고 교통혼잡을 개선할 수 있다는 견해도 있다. 일각에서는 완전 자율주행 구현 시 도심의 교통량 처리능력이 현재보다 배 이상 향상될 수 있다고 전망한다. 이러한 최적화된 교통은 물류 효율화, 통근시간 단축 등의 긍정적 경제 효과도 가져올 것이다

다시 말해, 우리가 고민하는 빠른 길 찾기는 하지 않아도 된다. 차량의 원활한 흐름을 위한 인터체인지도 필요 없게 되고, 사람을 대상으로 설계된 도로의기하구조도 바뀌게 되고 표지판이나 여러 이동에 관련된 시설의 설계가 모두 바뀌게 된다. 예로 고속도로의 경우 도로 폭원을 3.6미터에서 2.7미터까지 줄일 수 있다. 이는 5차로도로를 7차로까지 쓸 수 있다는 의미로서 도로용량이 대폭 늘어나게 될 것이다. 이렇게 도로인프라는 더 이상 사람이 아닌 기계를 상대해야 하는 것으로 모든 설계기준을 재검토해야 하는 변화를 가져올 것이다.

(4) 자동차 소유 개념의 변화

자율주행 시대에는 차량공유(Sharing) 개념이 강화될 것으로 보인다. 현재는 대부분 가정이 자가용을 소유하고 있지만, 자율주행 로보택시 서비스가 편리하고 저렴하게 보급되면 꼭 차를 개인 소유할 필요가 줄어든다. 언제든 앱으로 차를 부르면 혼자 타도 되고 합승해도 되는 셔틀이 와서 데려다 주는 식이다. 이 경우 도시의 차량 대수는 줄고, 개

인은 차량 유지비나 주차 걱정 없이 필요할 때만 이동 수단을 쓰게 될 것이다. 일부 도시는 이와 같은 MaaS(Mobility as a Service) 개념이 정착되어 젊은 층을 중심으로 '운전면허도, 내 차도 필요 없는' 문화가 나타날 수 있다. 자동차는 소유의 대상에서 서비스 인프라로 바뀌게 되는 셈이다. 이는 자동차 제조업의 비즈니스 모델에도 변화를 일으켜, 판매 중심에서 운행 서비스 중심으로 산업 구조 재편을 촉진할 것으로 예상된다.

(5) 도시 공간과 부동산의 재편

자율주행차 보급이 늘면 도시의 풍경에도 변화가 온다. 우선 도심 주차장 공간 수요가 크게 줄 수 있다. 지금은 차량이 운행시간보다 주차시간이 길지만, 로보택시는 계속 승객을 태우며 이동하거나 필요시 도시 외곽으로 이동해 대기할 수 있다. 그 결과 도심에 차고지나 노상 주차장이 차지한 공간을 공원이나 주택, 상업공간으로 재활용할 수 있다. 또한 도로 설계에도 변화가 생긴다. 지금은 인간 운전자 실수를 막기 위한 안전시설(예: 과속방지턱, 안전표지)이 많지만, 자율주행차에게 불필요한 것들이 있어 도로를 보다 효율적으로 설계 가능하다. 궁극적으로 스마트시티 개념과 결합되어, 도시 설계부터 자율주행 교통을 전제로 한 친환경 보행 중심 도시 등이 등장할 수 있다. 부동산 측면에서도 출근 시간에 업무를 보며 2시간 통근이 가능해지면, 도심 외곽 거주에 대한 선호가 증가하는 등 입지 가치에 대한 인식 변화가 있을 수 있다.

(6) 환경 영향

자율주행차의 확산은 환경에도 영향을 끼칠 것이다. 우선 대부분 자율주행 개발 차량들이 전기차로 제작되고 있어, 전기 자율주행차 보급이 늘면 차량 배출가스가 감소하여 대기환경 개선에 기여할 수 있다. 또한 AI 최적화 주행으로 불필요한 급가속·급정지가 줄어들고, 차량 군집주행으로 항력 감소 효과 등을 보면 에너지 효율 측면에서도 이점이 있다. 다만 한편으로는 자율차 편리함 때문에 차량 이용량이 증가하면 총 에너지 사용이 늘 수 있다는 우려도 있다. 따라서 미래에는 자율주행 기술과 함께 친환경 에너지 정책, 대중교통과의 균형있는 발전이 중요해질 것이다.

2. 산업의 변화

(1) 자동차산업

자율주행자동차의 도입은 기존 자동차산업 업계의 시장지위를 위협하는 요소들이 확산될 가능성이 높다. 기존 완성차 업체들의 투자메리트는 점차 약화될 것이며, 직접적으로 자동차 부품산업과 정비서비스업이 큰 타격을 입을 것이다. 자율주행차는 기본적으로 전기자동차를 기본으로 하기 때문에 내연기관과 달리 변속기가 필요 없고 단지 전압을 조정

하여 모터를 제어하게 된다. 따라서 각종 부품수가 획기적으로 줄어들게 된다. 만약 내연기관의 차가 3만개의 부품으로 이루어졌다면 전기자동차는 10분의 1안 3천개 정도면 되는 것이다.

또한, 정비서비스업도 줄어들거나 다른 산업으로 대체될 전망이다. 대표적인 전기자동차 테슬라의 오토파일럿 기능은 약 1억 줄의 소프트웨어 코딩으로 이루어져 있는데, 자동차의 상태진단이나 더 나아가 기능 업그레이드도 자동으로 이루어진다. 일부러 바꾸지 않아도 통신망에 연결된 자동차가 아랑서 기능을 향상시키고 불량이거나 고장이 난 부분이 생기면 미리 진단하여 정비를 하게 하는 것이다.

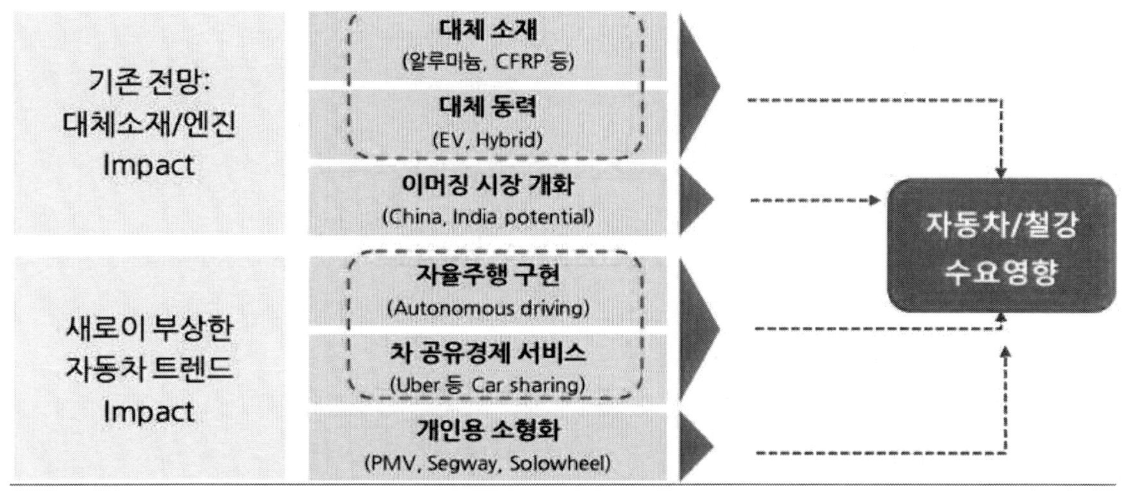

자동차 산업을 둘러싼 변화와 영향

그러나 70)전장화, 자율주행기술 확대, 전기차 확산, 경량화 시도 등으로 자동차 핵심 부품업체, 친환경차 부품업체, 배터리 업체, 경량화 소재 업체들에게는 새로운 기회가 창출될 가능성이 높다. 각각의 영역에서 시장 확장성을 보유하고 있는 업체에서 시장 확장성을 보유하고 있는 업체에 주목할 필요가 있는데 현대모비스, 일진머티리얼즈, 알루코 등이 확장성이 큰 것으로 평가되며 LG화학, 현대제철, POSCO 등도 관심 대상이다71).
자동차 산업의 '업의 본질'도 점차 변화할 것으로 예상된다. ICT기반의 벨류체인 혁신, 자동차-공급업체간 협력과 융복합이 가속화되고 있기 때문이다. 과거에는 자동차업체가 단순 제조업체로서 제품을 만들어 고객에게 판매하는 데 그쳤다면, 미래 자동차업체는 모빌리티 솔루션을 제공하고 사용자 경험을 제공해 줄 수 있는 솔루션 프로바이더(Solution Provider)로서의 역할까지도 요구할 것으로 예상되고 있다.

밸류체인 전반에서도 ICT 기반의 기술과 융복합이 진행되면서 서플라이체인의 변화도 진행 중이다. 스마트 & 친환경 패러다임의 확산과 함께 IT, 전자, 화학, 엔터테인먼트,

70) BNK투자증권 윤관철, "미래자동차의 스마트한 변화", 2016.04.18
71) 출처 : POSRI, BNK투자증권

반도체 등 이종산업의 자동차 서플라이체인 참여가 활발해지고 있다. LG전자는 VC사업부를 통해 GM의 전기차에 주요 부품 공급을 확대하고 있으며 현대차는 애플의 Carplay, 구글의 안드로이드오토를 자사 차량에 적용하면서 협업을 확대하고 있다. 완성차와 공급업체 간의 수직적 관계가 점차 약화되고 수평적 협력관계(Collaboration)로 전환이 본격화되고 있다.

미래 자동차 산업의 트렌드

구분	키워드	현재	미래
자동차 컨셉 변화	자산에서 수단으로	자동차(자산)	모빌리티
소비자 트렌드	공유경제의 확산	소유	공유
업종의 진화	제조-서비스업 융합	제조업	제조+서비스업
기술 트렌드	인간의 편의 극대화	운전자 보조시스템	자율주행
친환경	연비개선	내연기관	전기차

(2) 교통산업

자동차 산업 뿐 아니라 대중교통시스템도 많은 변화가 불가피하다. 고속철도나 고속버스 등 대량 운송수단을 제외하고 택시 등 소규모 근거리 운송수단은 경쟁력을 가지기 어렵다. 자율주행 자동차가 주는 큰 편익인 '운전 피로도 감소'와 '자동차 안에서 다른 일들이 가능'의 효과에 기인하여 장거리 통행 이용 빈도가 높게 나타나기 때문이다. 또한, 자율주행 자동차는 인건비가 없는 저비용 구조이고 여기에 감가상각비가 낮은 전기차와 저가 충전 서비스까지 합쳐진다면 기존 대중교통은 경쟁력을 갖기 어렵기 때문에 대중교통 시스템의 전반이 혁신의 대상이 되는 것이다.

자율주행차는 일반 자동차에 비해 적은 수의 차량으로 동일한 수요에 대응할 수 있으므로 전체 차량 수가 감소하여 교통혼잡도, 연료사용량, 오염배출량도 줄어들고 도심의 공간효율성은 증가될 것으로 기대된다. 일반 승용 자동차의 경우 이용률이 10% 미만으로 약 90% 이상의 시간동안 유휴 상태 이지만 자율주행차는 다수 이용자가 공유할 수 있으므로 이용률이 증가할 것으로 예상된다.

BCG(2016)는 자율주행차가 대중화될 경우차량 수, 교통사고, 오염배출량, 주차공간이 각각 8-59%, 55-87%, 23-35%, 5-54% 감소할 것이라고 전망했다.[72)]

---

72) 율주행차 사업화의 쟁점과 정책 과제, 과학기술정책연구원, 2018.06.27

자율주행차 보급 예상 변화 전망, 출처: 과학기술정책연구원 리포트

구분	"자율주행차 대중화" 시나리오 (자율주행차 수송분담률: 37%)		"자율주행차 + 공유경제 대중화" 시나리오 (자율주행차 수송분담률: 54%)	
교통수단별 수송분담률	개인 일반 자동차	14 %	개인 일반 자동차	5 %
	개인 자율주행차	31 %	개인 자율주행차	1 %
	일반 택시	4 %	일반 택시	0 %
	자율주행 택시	6 %	자율주행 택시	53 %
	대중교통	38 %	대중교통	32 %
	도보·자전거	7 %	도보·자전거	9 %
예상되는 변화	차량 수	- 8 %	차량 수	- 59 %
	교통사고	- 55 %	교통사고	- 87 %
	오염배출량	- 23 %	오염배출량	- 85 %
	주차공간	- 5 %	주차공간	- 54 %

주: 자율주행차의 수송분담률은 개인 자율주행차와 자율주행 택시를 합산
자료: BCG(2016), pp. 17~21을 토대로 구성

또한, 철도 여객 운송에도 제한적으로 영향을 미칠 전망이다. 기존 열차 이용객의 10% 정도가 자율주행차로 전환할 것으로 예상되기 때문이다. 하지만 일반열차와 달리 고속열차는 자율주행차에 상대적으로 영향을 덜 받을 것으로 예측된다. 아직은 중장거리 여행에서 기차가 자동차보다 빠른 교통수단이기 때문이다.

네덜란드의 한 연구소에 따르면, 자율주행차량의 상용화는 운행 거리 당 승객 운송비용이 최대 40%까지 줄어들 것으로 내다봤다. 따라서 이런 비용 감소도 자율주행차에 대한 선호를 높이고 철도 여객 수송 점유율을 낮출 것으로 보인다.[73]

(3) 보험 산업

[74]자율주행차 확산에 따른 자동차 사고 감소, 차량소유/이용패턴 변화에 따른 자동차 수 감소, 자동차 운행모드의 다양화 등은 자동차보험 시장규모 및 관련 주요 벨류체인에 많은 변화를 유발할 것으로 전망되고 있다.

먼저, 차량 수 감소와 더불어 자동차 사고감소에 따른 손실규모 감소 및 그에 따른 보험료 인하로 인해 자동차 보험시장 규모가 축소될 것으로 예상된다. 특히 자율주행차의 결

73) 조선닷컴, 김명지 기자, "2020년 자율주행차 시대...철도산업 생존전략 4가지", 2016.11.11
74) KB금융지주 경영연구소, 연구위원 박준철, "자율주행차 확산이 자동차보험에 미치는 영향", 2015.11.30

함으로 인한 사고 발생 시, 차량 제조사들은 동일한 유형의 사고가 발생하지 않도록 차량 시스템을 개선하고 이를 모든 차량에 일괄 적용함으로써 사고 빈도 감소 효과는 더욱 확대 될 것이다. 실제로 PWC 자료에 따르면, 미국을 기준으로 자율주행 기술 적용 시 자동차 사고에 따른 손실 규모가 관련 기술을 적용하지 않았을 때 보다 약 10%(2025년 기준), 20%(2035년 기준) 감소할 것으로 전망하고 있다. 또한, 미국 보험사들은 사업보고서를 통해 완전 혹은 부분 자율주행차 확산이 보험 상품 수요를 감소시키는 중요한 비즈니스 위험요인인 것으로 규정하기도 하였다[75].

(단위 : 십억 달러)

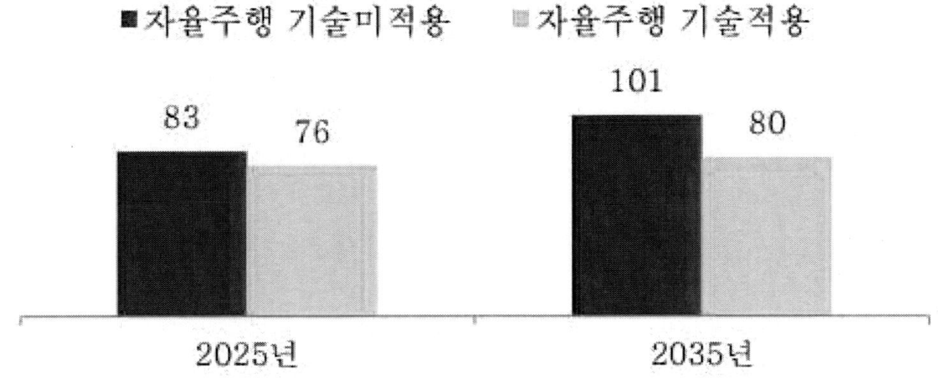

자동차사고 손실 규모 비교

또한, 자율주행차의 운행모드에 따라 사고의 책임이 전환되면서 적용되는 보험 및 보험가입자 역시 달라질 것으로 전망한다. 수동주행 모드와 달리 자율주행 모드에서는 사고 책임을 운전자가 아닌 차량 제조사가 지게 되고 이에 적용되는 보험은 제조물 배상책임 보험이 될 가능성이 높으며, 운전자가 아닌 차량 제조사가 보험을 구매할 것으로 예상된다. 결국 자동차 보험은 수동주행 거리를 기반으로 요율이 책정될 가능성이 있으며, 자율주행 빈도가 증가할수록 개인 운전자를 대상으로 한 자동차 보험 시장은 축소될 전망이다.

반면, 자율주행차 대상 제조물 배상책임 보험 시장은 급증하고 자율주행차 운영시스템에 대한 사이버 해킹에 대한 우려로 인해 관련 리스크에 대한 보험시장 규모 역시 확대시킬 것으로 전망하고 있다. 이 외에도 자율주행차량 렌탈/시간제 활용, 차량공유 확대 등으로 기존 개인고객과는 다른 형태의 고객군이 증가함에 따라 보험사들의 영업/서비스 방식에도 변화가 예상된다.

우리나라도 2020년 레벨 3 자율주행차 상용화를 목표로 시험주행을 계속하는 한편, 자동차관리법, 도로교통법, 자동차손해배상보장법, 자동차보험제도 등에 개선방안을 모색하

75) (출처 : PWC 2015)

고 있다. 레벨 3 자율주행차에 의해 사고가 발생한 경우 그 사고에 대한 배상책임은 누가 부담하는지, 자동차보험은 어떻게 적용되는지 등이 문제가 되기에 정부와 자동차 제조사, 손해보험사 등이 주체가 되어 제도에 대한 선제적 검토를 진행중이다. [76]

자율주행차 사고에 대한 현행법제 적용 가능성, 출처: 국회정책토론회 자료집

구분	요건	레벨3 자율주행차 사고 시	적용 여부 및 범위
운전자 책임 (운전자)	운전상 주의의무 위반	• 자율주행모드에서는 운전상 주의의무 부존재 • 주의의무 위반이 인정될 가능성이 없음 • **원칙적으로 운전자 책임 성립되지 않음** • 예외적으로 운전자 책임 성립될 가능성 있음 (예: 자율주행시스템 사용 관련 주의의무 위반 시)	• 적용 가능 • 범위 극히 제한적
제조물 책임 (제작사)	자동차의 결함	• 자율주행차 차량 장치 및 시스템 결함에 따른 사고 발생 가능 • **자율주행차 장치(레이더, 라이다, 센서 등) 결함 시 책임 성립** • **자율주행차 시스템(ADS) 결함 시 책임 성립** • 정상적 사용 중 사고가 발생한 경우: 결함 추정 • 결함을 알면서 방치한 경우: 손해액의 3배까지 배상 • 공급 당시 과학기술 수준으로 발견할 수 없는 결함: 면책	• 적용 가능 • 범위 대폭 확대
운행자 책임 (소유자)	운행지배, 운행이익	• **자율주행차 소유자도 운행지배와 운행이익을 가짐** • 운행지배: 자동차의 사용에 관한 사실상의 처분권 (운전과는 구별되는 개념) • 운행이익: 자동차의 운행으로부터 나오는 이익 • **자율주행차 소유자도 자배법상 "운행자책임"의 주체가 됨**	• **적용 가능** • **범위 종전과 동일**

3. 직업의 변화

(1) 증가하는 일자리

자율주행기술 서비스를 제공하기 위해서는 자율주행자동차와 자율주행서비스를 제공하기 위한 서버와 통신망 구축이 필요하다. 특히, 자율주행자동차에는 차량레이더, 카메라, GPS 등의 센서와 V2X 통신 장치, 차량 제어 장치 그리고 자율주행 SW가 탑재되므로 이 분야의 전문가가 필요하게 된다.[77]
또한, 서비스를 제공하고 문제가 발생하면 SW다운로드 등의 운영 및 관리 서비스를 제공하기 위한 서버와 통신망 구축, 그리고 운영관리를 위한 전문가도 필요할 것이다. 한편, 자율주행 서비스 환경은 모니터링하고 원하는 방향으로 제어가 가능하므로 범죄에 악용 될 가능성이 있다. 예를 들어, 원하는 차를 원격으로 제어하며 사고를 발생시킬 수 있다. 따라서 적법한 사람만이 시스템을 사용할 수 있도록 보안 환경을 제공하는 전문가도 필요할 것이다.

기술 개발 및 생산관련 직업도 새로 생겨날 것으로 보인다. 자율주행을 하려면 인간의

76) 자율주행차 도입을 위한 보험제도 개선방향, 국회정책토론회, 2018.10.
77) 한국전자통신연구원 오현서, "자율주행기술과 직업세계의 변화", 2016년 제5차 직업연구 통합 포럼 자료집

종합적인 능력이 기계로 구현되어야 하므로, 고급 수준의 다양한 인공지능기술이 동원되어야 하는데, 이 기술 개발이 매우 난이도가 높고, 또 완벽해지기가 쉽지 않으므로, 오랜 기간 대량의 인력이 기술 개발에 투입되게 될 것으로 예상된다. 이러한 IT전문가 외에도 심리학과 휴먼 인터페이스 기술, 사람의 특징/성향을 고려한 디자인, 그리고 빅 데이터를 분석하기 위한 수학 등 사람에 대해 이해가 필요하고 이를 고려한 자율주행기술의 튜닝이 필요할 것이다. 일례로, 어떤 사람이 자율주행차 서비스를 사용하는 경우, 자신이 습득한 운전 패턴으로 자율주행 서비스가 제공될 경우 만족도가 클 것이므로 운전학습을 통한 자율주행 서비스로 발전할 것이다.

자율주행차 보편화로 인한 가장 큰 변화는 인간의 생산성 향상과 유휴시간 증대로 인한 새로운 서비스 산업들의 출현일 것이다. 자율주행이 되면 자동차라는 공간은 사무공간이 되며, 엔터테인먼트 공간도 된다. 따라서 자동차 공간에서의 사무업무를 지원하는 각종 서비스, 자동차 공간에서 영화서비스 등 엔터테인먼트를 지원하는 각종 서비스가 활성화할 것으로 전망된다.

따라서 미래의 자율주행과 관련한 유망한 직업은 다음과 같다.

- IT 전문가 : 차량 레이더 및 영상 장치, GPS, 차량 통신, 자율주행 SW 등
- 정보 분석 및 관리자
- 차량 보안 기술자
- 운전자 성향 심리학
- 자율주행차의 실내외 디자인 전문가
- 빅 데이터 모델링 및 분석을 위한 수학 전문가
- 인공지능 모델링을 위한 알고리즘 설계자 등

(2) 감소하는 일자리 [78)]

우선적으로 일상적인 운전직업의 감소가 예상된다. 이미 여러 기관에서 예측한 바와 같이 트럭운전사, 택시 운전사 등 직업이 직접적 타격을 맞을 것이다. 특히, 택시회사의 경우에는 택시기사의 인건비 비중이 매우 크므로, 현재 일부 국가에서 시범 운영 중인 로봇택시가 보편화되면 매우 빠르게 택시기사 직업이 위축될 것으로 예상된다.

또한, 자동차회사의 임직원도 줄어들 것으로 예상하고 있다. 자동차 생산 및 판매와 유지보수 기술이 IT기술화 되면서 현재와 같은 구조의 자동차 생산 및 판매 기업들은 타격을 받을 것이기 때문이다.

78) 국민대학교 경영학부 김현수 교수, 자율주행 기술과 직업세계의 변화, 2016 제 5차 직업연구 통합 포럼 자료집

(3) 새로운 여가와 서비스 산업의 등장

차 안에서 운전에 신경 쓰지 않아도 되므로, 차량 내부에서 할 수 있는 여가활동이나 서비스가 산업화될 수 있다. 예컨대 자율주행차 안을 VR(가상현실) 엔터테인먼트 공간으로 꾸며 이동 중 게임이나 영화를 즐길 수 있다. 또는 차량 내 식사가 가능하도록 배치된 모바일 레스토랑, 이동 중 회의나 업무를 지원하는 이동 사무실 등 특화 서비스가 등장할 수 있다. 여행 산업도 변화하여, 경치 좋은 경로를 따라 알아서 주행하는 관광 셔틀, 야간에 자율주행하여 아침에 목적지에 도착하는 이동식 호텔 개념 등이 실현될 수 있다. 이처럼 자동차 내부 공간이 해방됨에 따라 그 공간을 둘러싼 콘텐츠 산업이 새롭게 부상할 전망이다.

Ⅲ. 자율주행차가 넘어야 할 문제

자율주행 자동차는 앞에서 언급했듯이 대부분 사람의 실수로 일어나는 교통사고를 크게 감소시키고 이동 중 생산적인 업무를 가능하게 하는 등 긍적적 효과가 다수이다. 그러나 앞서 본 기대효과에도 불구하고, 자율주행차가 대중화되기 위해서는 아직 해결해야 할 많은 난제들이 있다. 기술적 어려움부터 윤리적·법적 딜레마, 대중 수용성 문제까지 종합적 도전과제가 남아 있는 상황이다. 이번에는 자율주행차가 직면한 주요 문제점들과 극복 과제를 살펴본다.

1. 기술적 한계와 보안성 취약 문제

자율주행차는 움직이는 컴퓨터라 불릴 만큼 소프트웨어와 통신 기술에 의존한다. 따라서 해킹 등 사이버보안 위험에도 노출된다. 만약 악의적인 공격자가 차량의 제어를 탈취한다면 인명 피해로 직결될 수 있다. 이미 2015년 보안연구원들이 지프(Jeep) 차량을 원격 해킹해 고속도로에서 멈춰 세운 시범을 보인 일이 있다. 자율주행차 시대에는 이러한 사건이 대규모로 일어나지 않도록, 차량 및 교통망 전반에 강력한 보안 대책을 마련해야 한다. 암호화 통신, 침입 탐지 시스템, OTA 업데이트 보안 등이 요구된다. 또한 차량이 도심을 돌아다니며 연속적으로 카메라 녹화를 하는 것이나, 승객의 이동 경로 데이터가 모두 기록되는 것에 대한 프라이버시 우려도 존재한다. 누군가의 이동이력 데이터는 자칫 사생활 침해 소지가 있으므로, 이를 보호하기 위한 법적·기술적 장치가 필요하다. 예를 들어 차량 센서가 획득한 영상에서 얼굴이나 집주소 표지판 등을 자동 블러처리하거나, 데이터 저장시 익명화를 하는 등의 노력이 이루어져야 할 것이다.

2018년 3월 미국 애리조나 템피의 한 교차로에서 자전거를 끌고 가던 40대 여성이 자율주행차에 치여 숨지는 사고가 발생했다. 사고를 낸 차량은 세계 최대 차량호출업체 우버가 시범 자율주행을 하던 볼보X90이었다. 같은 시기 오전 미국 캘리포니아 남단 101번 고속도로에서 테슬라 모델X가 중앙분리대를 들이받고 연이어 추돌사고를 당했다. 추돌사고 뒤 불길이 치솟고 폭발이 일어나 배터리가 실려 있던 차량 앞부분이 폭발해 완파됐으며 운전자는 사망했다. 테슬라는 이 차량이 자율주행 모드로 운전 중이었다고 밝혔다.[79]

79) "결국 보행자 사망" 충격…자율차 교통사고 무엇이 다른가, 한겨레, 2018.04.02

보행자 사고 관련 뉴스 화면, 출처: 美 abc

첫째, 자율주행차 사고는 원인을 모르는 상태에서 발생한다는 점에서 위험하다. 사람이 운전하는 차의 사고는 대형사고라도 사고 원인이 밝혀진다. 우버의 경우 라이다 시스템 등으로 보행자를 감지하도록 한 기술을 갖췄지만 왜 사망사고가 났는지 바로 밝혀지지 않았다. 둘째, 사람의 사고는 각각 개별적인 사고이지만 자율주행차 시스템은 네트워크로 연결된 상태에서 구조적인 문제로 인한 사고다. 특정 조건에서 모든 차량이 동일한 사고를 낼 수 있다는 위험을 안고 있다.

우버의 보행자 사망 사고로 인해 "충분한 안전성이 확인되지 않았지만 기존의 방법보다 효율성이 높은 기술과 도구를 채택할 것인가" 또는 "채택에 어떠한 기준을 요구할 것인가"의 문제를 만나게 됐다. 기술에 대한 통제와 사용자의 기술 이해를 필요로 하는 문제다. 이번 보행자 사망 사고가 일어난 미국 애리조나주는 인간 운전자가 없는 자율주행차 운행도 허용하는 등 미국에서 자율주행차 관련 규제에 대해 가장 너그러운 주다. 이번 사고는 자율주행차와 같은 첨단 기술에 대한 사회적·법적 규제 논의의 중요성을 일깨운다. 어느 나라보다 신기술을 수용하는 데 적극적인 한국에서도 자율주행 기술에 대한 기술적인 논의만이 아니라 문화적·사회적인 측면을 다루는 복합적인 논의가 요구된다.

두 번째로 생각할 수 있는 사회적 문제는 안전성과 보안에 관련된 이슈이다. 2016년 4월 미국 상원은 자율주행차 관련 업체에 대해 청문회를 진행했는데, 주제는 자율주행차가 사회에 어떤 이익을 가져오는가가 중점이었지만, 중요한 이슈 중 하나는 수집하는 데이터에 대한 프라이버시 침해와 보안의 문제였다. 자율주행차의 대표적 적용분야인 카셰어링은 탑승자의 동선, 개인정보 등이 노출되기 쉬운 환경이다. 따라서 개인적 공간으로 익숙한 자동차가 공용화되면 실내 카메라 촬영, 동선 기록 등으로 인해 사생활이 노출될 수 있어 이에 대한 반감이 존재하고 있는 상황이다.

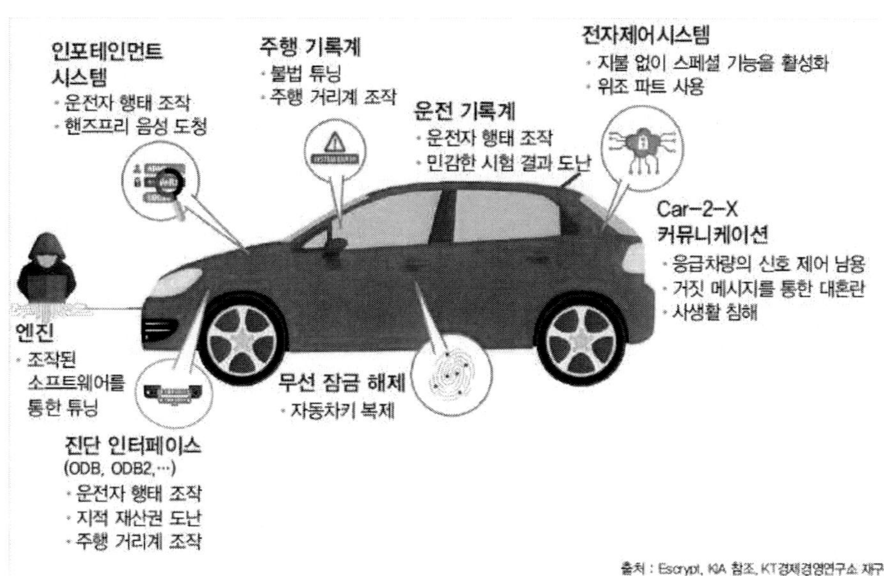

자율주행 해킹 요소, 출처: 잇데일리, 2018

또한, 자율주행 자동차는 주변 환경에 대해 끊임없는 데이터를 수집하면서 수집된 데이터를 서버로 보내거나 다른 자동차와 커뮤니케이션을 한다. 따라서 인터넷 기기의 통신 장애나 시스템 오류에 취약하다. 이때, 어떤 데이터가 수집되며 데이터의 포맷과 저장 방식, 기간 등에 어떤 기준을 가지고 있는 가 확인하는 일은 굉장히 중요하다. 특히, 지난 7월 미국 국가안보국(NSA) 출신 해커가 PC를 이용해 원격으로 일반차량의 와이퍼, 핸들을 조작하는 모습 등을 선보여 실제 차량 리콜사태로 연결되는 일이 발생해 해킹문제도 중요하다. 따라서 자율주행 차 자체가 하나의 빅 데이터 수집 기기이기 때문에 이에 대한 프라이버시 보호 문제와 외부 해킹에 의한 보안 이슈는 앞으로도 계속 논의되어야 하는 주제이다.

2. 사고에 대한 책임과 윤리적 문제

(1) 사고에 대한 책임

자율주행차 사고가 발생했을 때 책임을 누구에게 물을 것인가도 중요한 문제다. 운전자가 차량 제어를 하지 않았다면, 사고 과실이 운전자에게 없을 수 있다. 대신 차량 제조사나 소프트웨어 개발사가 책임을 져야 할까? 현행 법체계는 운전자 중심으로 되어 있어 이를 수정해야 한다. 많은 국가들이 자율주행 모드에서 사고 시 제조사 책임을 인정하도록 법 개정을 추진 중이다. 우리나라도 레벨 4 이상 운전자 비승차 상태에서 사고 시 운행 사업자나 제조사가 책임지도록 법적 책임주체 명시를 준비하고 있다. 또한 보험업계도 이에 맞춰 자율주행차 전용 보험 상품을 개발하는 중이다. 예컨대 영국은 운전자용 보험과 제조사용 보험 이중구조를 도입하기도 했다. 하지만 이런 제도들이 완전히 자리잡기까지는 시간이 걸리고, 초기에는 사고시 분쟁과 소송이 빈발할 수 있다. 명확히

시스템 과실로 판명되면 제조사가 배상하겠지만, 애매한 경우가 문제다. 또한 해킹 등 범죄 행위에 의한 사고나, 소프트웨어 버그에 의한 연쇄 사고 등 기존에 없던 유형의 위험도 보험 체계에 포함시켜야 한다. 정리하면 사고 책임의 법리 정립과 보험 시스템의 재편이 자율주행차 확산 전에 해결되어야 소비자 불안을 덜 수 있을 것이다.

2016년 5월 미국 플로리다에서 테슬라 전기차를 타고 가던 운전자가 사망하는 사고가 발행했다. 고속도로에서 테슬라의 오토파일럿(자율주행기능)을 활성화시키고 운행하던 중에 트레일러와 접촉사고가 난 것인데, 미국 도로교통안전청(NHTSA)이 자율주행모드에서 발생한 첫 사망 사고라고 발표하였다.

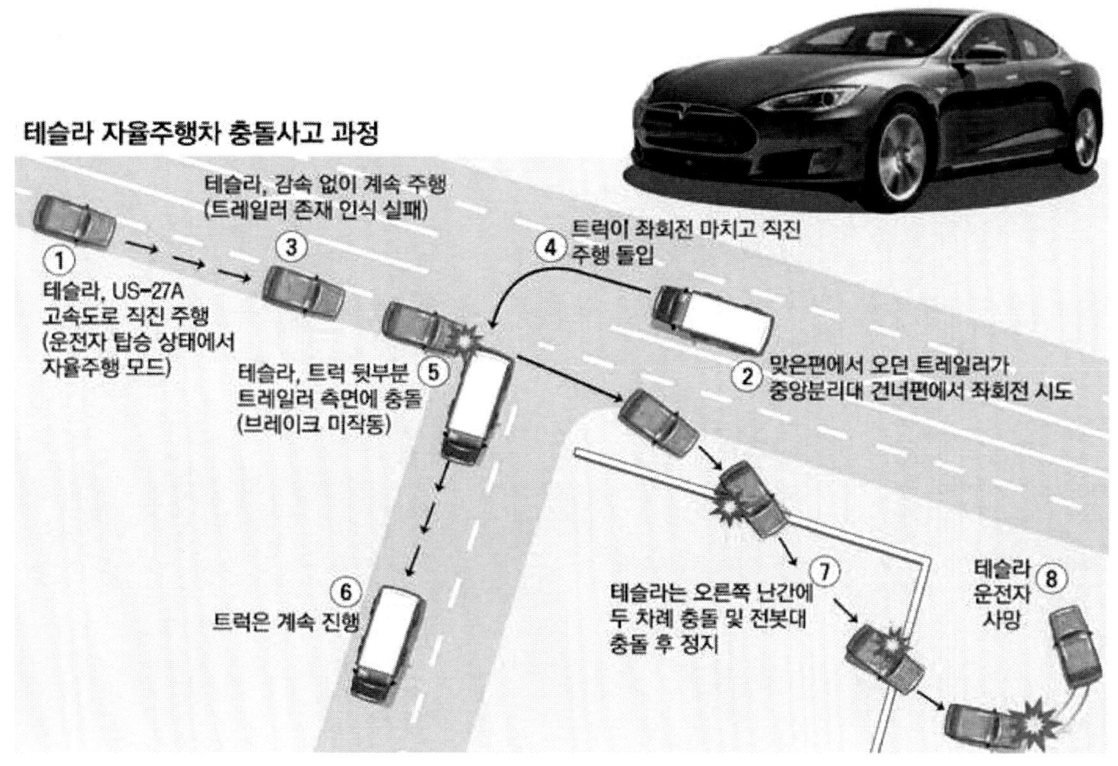

테슬라 자율주행차 충돌사고 과정

테슬라는 전기자동차 뿐 아니라 자율주행 시스템에서도 가장 앞선 업체로 꼽힌다. 2014년 공개한 ‘오토파일럿(Autopilot)’이란 이름의 자율주행 시스템은 운전자의 조작 없이도 자동차가 스스로 차선을 유지하고 속도를 조절하며 충돌을 방지하는 기술이다. 사고의 원인은 자율주행모드와 운전자 모두 트레일러 트럭 옆면에 칠해진 흰색부분을 밝은 하늘 아래에서 인지하지 못해 브레이크가 정상적으로 작동하지 않았다는 설명이다.

이 테슬라 사고의 여파로 독일에서는 자율주행차량 대상 블랙박스 설치를 의무화 하고, 중국은 실제 도로 상 주행테스트를 금지하는 등의 자율주행차 추가적 사고에 대한 우려로 주요국 법규 마련에 고심하고 있다. 또한, 사고 위험 순간에 핸들 방향에 대한 선택

권을 인공지능에 맡길 수 있을 지도 고민해 봐야 한다.

(2) 윤리적 문제

자율주행차 분야에서 유명한 논쟁 중 하나는 바로 윤리적인 판단이다. 극단적 상황에서 어떤 선택을 할 것인가에 대한 문제로, 이른바 트롤리 딜레마에 비유되곤 한다. 예를 들어 갑작스런 돌발 상황에서 어떤 조치도 모든 인명을 구할 수 없다면, 자율주행차는 승객의 안전을 우선해야 할지 다수 보행자의 안전을 우선해야 할지 등 난감한 선택에 직면할 수 있다. 인간 운전자는 본능적 반응이겠지만, 기계는 프로그래밍된 대로 움직일 것이다. 그렇다면 그 프로그래밍을 어떻게 할 것인가 하는 문제가 사회적 합의 없이 결정되기 어렵다. 제조사가 이런 결정을 임의로 내리면 도덕적 비난이나 법적 책임 이슈가 발생할 수 있다. 아직까지 이 윤리 문제에 대한 명확한 답은 없으며, 국가별 문화나 법체계에 따라 다르게 접근할 가능성이 있다. 예컨대 독일 윤리가이드라인은 "가능한 한 사람을 살리고 물질적 피해는 부차적"이란 원칙을 제시했지만, 여전히 구체성이 부족하다. 결국 이는 철학과 기술, 법률이 교차하는 영역으로, 자율주행차 보급 전 사회적 논의를 통해 가이드라인을 구축해야 하는 과제다.

대표적인 연구 중 하나는 2016년 6월 장 프랑수아 본느폰 등이 사이언스에 발표한 자율주행차의 사회적 딜레마라는 논문인데, 2천 명 정도의 사람들에게 6가지의 온라인 서베이를 통해 사람들의 판단 유형을 파악한 것이다. 이 유형에 각각 결과를 중시하는 공리주의 윤리설, 동기를 중시하는 의무론적 윤리설, 행위자의 통찰력을 중시하는 플라톤의 윤리설을 적용했을 때의 부작용은 무엇일까?

자율주행차에 결과론적 윤리설을 프로그래밍한 a유형의 경우에는 운전자 1명의 사망과 행인 5명의 사망 중 선택하라고 했을 때, 대부분의 사람들은 운전자 1명의 사망을 선택한다. 만약 이 상황에서 가드레일에 위치한 보행자가 어린 아이고 5명의 보행자는 모두 나이든 노인들이라면, 또는 그 어린아이가 탑승자의 자녀이거나 5명의 노인 중에 내 부모가 포함되어 있다면 탑승자는 단순히 보행자 숫자의 많고 적음에 따라, 아님 자신의 안위에 따라 동일한 결정을 내릴 수 있을 것인가? 자율주행차의 윤리적 딜레마는 이처럼 단순히 '최대다수 최대행복'이라는 공리주의 명제로만은 쉽사리 해결되지 않음에 분명하다. 또한, 이는 아마도 자동차 제작사에 대한 소송으로 이어질 가능성이 크다.[80]
다음으로 b유형, 자동차 충돌사고로 운전자의 사망과 행인의 사망 중 하나를 선택해야 하는 경우에는 의무론적 윤리설에 따라 프로그래밍 한다면 어느 쪽을 선택해도 '도덕적 의무'를 위반하는 게 되기 때문에 답을 찾을 수 없게 된다.

마지막 c유형인 행위자의 통찰력을 중시하는 윤리설을 자율주행차에 적용하려면 침착함,

---

41) 연합뉴스, "자율주행차 윤리적 이슈 부상...사회적 합의 필요", 2016.04.06

절제, 평안함 같은 덕목을 프로그래밍해야 하는데, 이 자체가 힘들다[81].

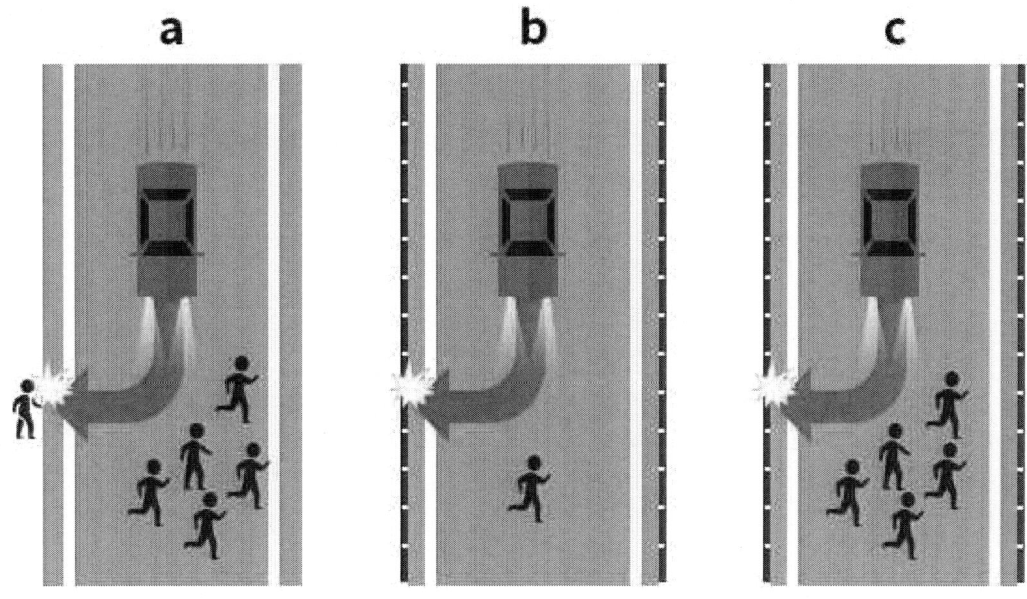

자율주행 자동차의 윤리적 딜레마

이렇게 자율주행차가 윤리적 판단을 내려야 할 경우에는 다양한 견해가 제시될 수 있고 해답도 하나 이상 존재하거나 상대적일 수 있다. 결국 제조자가 이런 문제에 대해 구체적으로 사회 구성원에게 정보를 제공하고 다양한 해결책 중 어느 것을 선택할지에 대한 공감대를 형성해야 할 것이다.

이 사회적 딜레마 말고도 대표적인 것이 1967년 필리파 푸트가 제시한 트롤리 딜레마가 있다. 이는 국내에서도 마이클 센델의 '정의란 무엇인가'에 소개되어 일반인에게도 널리 알려진 내용으로써 나의 행동 개입이 두 그룹의 죽음을 결정할 수 있다면, 나는 어떤 행동을 해야 할 것인가에 대한 문제이다. [82]

여기서 트롤리(Trolley)란 흙이나 바위 등을 운반하는 일종의 화차를 말하는데, 대표적인 사례를 살펴보면, 아래와 같다[83].

---

81) 출처 : Kama 웹 저널, 2016
82) 나무위키-트롤리 딜레마, 2017년 2월 1일 기준
83) 출처 : 프린스턴 대학 출판사, Would you kill the fat man?

트롤리 딜레마의 사례

사례1. 트롤리는 선로를 따라 달려오고 있고, 선로에는 다섯 사람이 있다. 당신은 선로 밖에 서있고 다섯 사람을 구하기 위해서는 선로변환기를 당기면 되지만, 그렇게 되면 다른 선로에 있는 다른 한사람이 죽게 된다. 선로변환기를 당기는 행위는 도덕적으로 허용이 가능한가?

사례2. 트롤리는 선로를 따라 달려오고 있고, 선로에는 다섯 사람이 있다. 당신은 선로 밖에 서있고 바로 옆에는 상당히 무거운 사람이 한명 서 있다. 다섯 사람을 구하는 유일한 방법은 옆에 서 있는 사람을 선로 위로 밀쳐서 그 무게로 트롤리를 멈추게 하는 것인데, 이는 도덕적으로 허용 가능한가?

이 사례의 실험결과, 사례1에서는 피실험자들의 85%가, 사례 2에서는 12%만이 그런 행위가 도덕적으로 허용이 가능하다고 대답했다. 이러한 반응은 성별, 교육의 차이, 문화의 차이와 상관없이 공통적이었다. ‘트롤리’란 개념을 모르고, 공식적인 종교가 없는 중앙아메리카의 쿠나 족이라는 원시 부족에게 ‘카누에 탄 사람들에게 다가오는 악어 떼’란 형태로 번안해서 질문했을 때에도 비슷한 결과가 나왔다.

이와 같은 선택의 문제는 단순히 윤리상의 문제 외에 무인자동차의 인공지능 사고발생 처리과정 프로세스에서 운전자를 희생시킬 것인가 타인을 희생시킬 것인가라는 문제와도 직접적으로 연관된다. 실제로 무언가를 감지하여 제어하고자 하는 운전자의 입장에서 돌연 장애물이 나타나면 운전대를 꺾는 것부터 시작하는데 자율주행차는 인간보다 더욱 감지에서 우월해야하고 우월할 수밖에 없어야 하므로 빠른 감지와 제동이 이뤄져야만 한다.

그렇다면 인공지능의 프로그램에 어떤 기준을 정해야 할 것인가? 단순히 제조사에서 어

떤 기준을 갖고 프로그램을 해야 할 것인지 아니며 회사 내부의 윤리 위원회에서 결정해야 하는지, 또는 사람들의 전반적인 의견을 수렴하는 방식이 되어야 할 것인지는 아직 누구도 결정하지 못하고 있다. 그러나 한 가지 확실한 것은 이런 연구 방향 중 하나는 사람들이 다양한 상황에서 어떻게 판단하는 것이 좀 더 윤리적이고 사회적 합의를 이룰 수 있는 것인가를 파악해야 한다는 것이다.

3. 일자리 감소와 역차별

앞에서 언급했듯이 자율주행자동차 즉, 무인차량이 상용화 될 경우에는 트럭, 택시 관련 일자리가 급감될 것으로 우려되고 있다. 이미 실행중인 차량 공유서비스인 우버의 등장은 현재 택시업계의 강한 반발이 일어나고 있다. 또한, 우버도 무인자동차 기술에 투자하고 있어 궁극적으로는 자율주행차와 차량공유를 더한 개념의 실현을 꿈꾸고 있는 것으로 보아 기존의 대중교통수단을 더욱더 위협할 것으로 전망된다. 3D 프린팅 된 자동차 생산으로 유명한 로컬모터스의 경우에도 워싱턴 DC에 '올리'라는 무인주행버스를 시범 운행하고 있어 대중교통의 무인화를 앞당기는 역할을 하였다.

또한, 자율주행차 도입에 따른 긍정적 효과인 자동차 수요의 축소와 안전성이 향상될 것이라는 주장에 반해서 오히려 자동차가 증가하고 혼잡도도 높아져 역효과가 나타날 것이라는 주장도 공존한다. 자율주행차의 편의성과 경제성 혜택이 노년층, 장애인, 미성년자로 확대되는 긍정적 효과 외 기존 대중교통 이용 수요도 크게 흡수해 교통량이 증가할 것이라는 것이다. 또 수요는 축소될 수 있으나 주행거리는 크게 늘어나 고장, 소모품 수요 증가 가능성이 있고, 초기 자율주행차와 일반차량 혼합주행 시에는 복잡성이 증가할 것이라는 분석도 나오고 있다[84].

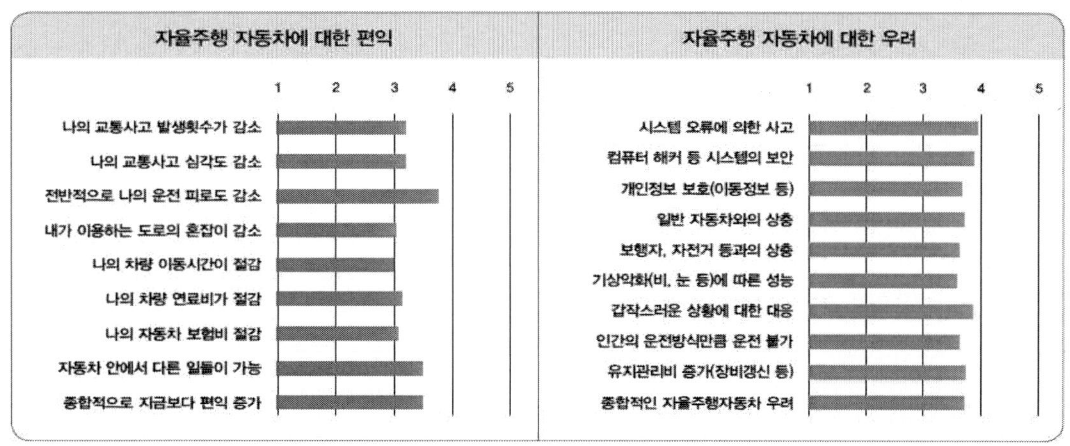

자율주행 자동차에 대한 편익과 우려

84) ※점수가 높을수록 해당 항목에 긍정, 1~5점
(출처: 국토연구원 이백진-자율주행자동차에 대한 소비자 선호도와 교통계획 분야의 대응과제, 2017.01.23.)

자율 주행 기술은 미래 자동차 산업과 운송 산업을 책임 질 중요한 기술이다. 하지만, 일부 운전자들은 자동차가 스스로 운전한다는 것과 자동차의 움직임을 인간이 쉽게 제어할 수 없다는 것에 대해 불안해하고 있다.

그 이외에도 테슬라의 사고처럼 기계에 대한 과신으로 탑승자가 위험상황에 대해 무감각해지는 리스크 오프셋 현상이 발생한다거나 자율주행시스템을 선택하지 않은 경우, '더 촘촘하고 빠르게' 주행하는 자율주행차량들 틈 사이에서 운전해야 하는 운전자에 대한 역차별 비판도 존재하고 있다.

4. 악천후 및 가혹한 환경

자율주행차의 센서와 AI는 일반적으로 사람이 운전할 때보다 좋은 조건에서 동작할 때 성능을 발휘하도록 설계되었다. 하지만 현실 도로에서는 폭우, 폭설, 안개, 빛 번짐 등 악조건이 빈번하다. 이러한 악천후 환경에서의 인식 문제는 여전히 큰 과제다. 예를 들어 강설 시 라이다 센서는 눈송이를 장애물로 잘못 인식하여 유령 객체를 감지하거나, 카메라는 도로에 쌓인 눈 때문에 차선을 잃어버리는 문제가 생긴다. 폭우나 물보라 상황에서도 카메라와 라이다 모두 유효거리가 급감하여 주변 상황을 오인식할 수 있다. 인간 운전자들은 직관과 경험으로 어느 정도 대응하지만, 기계는 데이터에 없는 상황에서 약점을 보인다. 현재 개발자들은 날씨 보정 알고리즘, 열화상 카메라, 레이더 고도화 등으로 보완을 시도하나, 악천후 대응력 향상은 상용화 필수조건으로 남아 있다. 참고로 미국처럼 겨울에 눈이 오는 지역에 거주하는 인구가 70%에 달하는 나라에서는, 눈·비 문제를 풀지 못하면 전국적 상용화는 어려울 것이다.

5. 고비용과 경제성

자율주행 기술은 구현에 막대한 비용이 든다. 고성능 센서와 컴퓨팅 장비, 장기간의 소프트웨어 개발, 방대한 데이터 수집 및 처리 등으로 인해 기업들은 이미 수십억 달러를 투자하고 있다. 맥킨지 조사에 따르면 로보택시 등 Level 4/5 서비스를 첫 상용화하기까지 드는 누적 투자비용이 약 50억 달러(한화 6조 원 이상)에 달할 것으로 추정된다. 이 수치는 불과 몇 년 전 예측의 두 배 수준으로, 개발이 진행될수록 예상 비용이 늘어나고 있음을 의미한다. 예컨대 GM은 2016년부터 2023년까지 자회사 Cruise에 100억 달러 이상을 쏟아부었으나 아직 사업화 이익은커녕 안전 문제로 제동이 걸렸다. 자동차 업계 1위 토요타도 매년 수십억 달러를 투입하고 있고, 테슬라도 자율주행 SW 개발에 회사의 사활을 걸다시피 하고 있다. 우리나라 현대자동차그룹 역시 국내 스타트업 인수를 포함해 2조 원 이상을 투자했지만 아직 뚜렷한 상용 서비스 성과를 내지 못했다. 이런 상황에서 투자 대비 수익이 불투명하다는 우려가 많다. 초기에는 거액을 들여 기술을 완성해도, 정작 서비스를 시작하면 차량 원가와 운영비가 높아 사업적으로 손익 맞추기

가 힘든 경우가 나타난다. 실제 웨이모나 크루즈도 상용 로보택시 요금을 받기 시작했지만 여전히 엄청난 적자를 감당하며 운영 중이다. 따라서 비용 절감이 중요한 과제다. 센서값을 낮추고, 대량생산으로 단가를 낮추고, 운영 효율을 높여야만 장기적으로 지속가능한 산업이 될 수 있다.

6. 인프라와 기술 격차

자율주행차의 성능을 최대한 발휘하려면 도로 인프라도 같이 뒷받침되어야 한다. 그러나 국가마다, 도시마다 이러한 투자와 발전 속도에 차이가 있다. 글로벌 선도 도시들은 이미 5G망 구축과 C-ITS를 깔고 있지만, 그렇지 않은 지역에서는 자율주행차가 혼자 모든 걸 해야 한다. 이는 성능 편차로 이어질 수 있다. 예컨대 최신 정밀지도가 없는 도로나, 통신 음영지역에서는 차량이 고립된 섬처럼 작동해야 하므로 제한이 많다. 완전 자율주행을 위해 세계 구석구석까지 인프라를 깔기는 현실적으로 어려울 것이고, 차량 AI가 인프라 도움 없이도 어느 정도 완결성을 갖추어야 한다. 하지만 이 수준에 도달하려면 다시 기술 난도가 치솟는다. 결국 인프라 vs 차량의 역할 분담을 어떻게 최적화할지도 하나의 과제다. 적절한 균형을 찾아야 경제성과 효율 모두 잡을 수 있다.

7. 소비자 신뢰와 사회적 수용성

무엇보다도 최종적으로 대중이 이 기술을 받아들이고 신뢰하는가가 핵심이다. 여론조사나 설문을 보면 여전히 많은 사람들이 자율주행차에 불안감을 가지고 있다. 한 조사에서는 현재 운전자 중 60% 이상이 자율주행차 타기를 두려워하거나 주저한다고 응답했다. 특히 2018년 우버 자율차의 보행자 사망 사고, 테슬라 오토파일럿 관련 추돌 사고 등 언론을 탄 사건들은 부정적 인식을 키웠다. 사람들은 "내 목숨을 기계에 맡길 수 있을까"하는 의구심을 쉽게 버리지 못한다. 또한 윤리적 문제나 해킹 가능성 등도 신뢰를 떨어뜨리는 요인이다. 이러한 심리적 장벽을 허무는 것이 커다란 과제다. 이를 위해서는 실제 도로에서 오랜 시간 동안 자율주행차가 안전하게 운행되어 사고율이 인간보다 낮다는 것을 입증해야 할 것이다. 제조사들과 정부는 투명하게 성능 데이터를 공개하고, 시범사업 등을 통해 시민들이 직접 경험해볼 기회를 늘려야 한다. 공공 캠페인을 통해 자율주행 기술이 가져올 이점과 안전성을 알리는 노력도 필요하다. 마치 초창기 엘리베이터에 승무원이 탑승해 이용자를 안심시켰듯, 초기 로보택시에는 안내 요원을 태워 심적 거부감을 낮추는 방안도 고려된다. 결국 기술적 완성도와 사회적 신뢰 구축이 맞물려 돌아가야만, 자율주행차가 넘어야 할 마지막 관문을 통과하여 대중화의 길로 들어설 수 있을 것이다.

제 5장. 자율주행차와 인공지능: 경제적 접근

Ⅰ. 자율주행차와 인공지능 투자전략

자율주행차와 AI 기술은 막대한 투자가 필요한 첨단 분야이며, 따라서 관련 기업과 투자자들은 효율적인 투자 전략을 고민하고 있다. 지난 10여 년간 글로벌 자동차 제조사, IT 공룡, 스타트업, 투자기관 등이 자율주행 기술에 투자한 자금은 수천억 달러에 달한다. 그러나 기술적 난이도와 상용화 지연으로 일부 투자 과열이 진정되는 모습도 보인다. 이러한 배경 속에서 기업들은 생존과 성과를 위해 전략을 재편성하고 있다.

먼저 완성차 제조사들의 전략을 보면, 대체로 협업과 선택과 집중으로 요약된다. 한때 많은 완성차 업체들이 자율주행 스타트업을 인수하거나 거액을 투자하며 독자 플랫폼 구축에 뛰어들었다. GM의 크루즈 인수, 포드와 폭스바겐의 Argo 투자, 현대자동차의 앱티브(Aptiv)와의 합작법인 모셔널(Motional) 설립 등이 대표적이다. 그러나 막대한 투자에도 단기간 내 상용화가 어려워지자, 최근 몇 년 사이 일부 철수와 전환이 일어났다. 앞서 언급한 포드와 VW는 Argo AI를 2022년에 청산하고 각자 현실적인 ADAS 개발에 주력하기로 했다. GM 역시 2023년 크루즈의 안전 문제로 사업을 축소하는 등 보수적으로 돌아섰다. 대신 이들은 전문 기술 기업과의 협업을 강화하거나, 로보택시보다는 자율주행 트럭, 배달 로봇 등 수익 가능성이 높은 분야로 눈을 돌리고 있다. 예를 들어 현대자동차는 미국 앱티브와의 협력을 통해 아이오닉5 기반 로보택시 개발을 진행하면서도, 한편으로는 보스턴 다이내믹스 인수를 통해 로보틱스 역량을 키우고, 카카오모빌리티 등과 제휴해 향후 자율주행 서비스 시장을 선점하려는 투트랙 전략을 취하고 있다. 토요타는 거대한 연구법인 TRI를 설립해 AI 연구에 매진하는 동시에, 소프트뱅크와 모네(Monet)라는 합작사를 세워 자율셔틀, 배송 등 B2B 모빌리티 서비스 준비에 들어갔다. 이처럼 완성차 업체들은 전방위 투자가 성과를 내지 못하자, 핵심 역량 분야에 집중하고 외부 파트너십을 적극 활용하는 방향으로 전략을 최적화하고 있다.

IT 기술 기업과 스타트업 측면에서는 플랫폼 리더십 확보 전략이 두드러진다. 구글 웨이모와 중국 바이두 아폴로가 그 예로, 이들은 단순히 차량 하나를 완성하는 것을 넘어 자율주행 풀 패키지 플랫폼을 구축하여 여러 완성차 기업에 기술을 공급하거나 서비스를 직접 운영하고 있다. 웨이모는 FCA, 재규어랜드로버 등 여러 제조사의 차량에 자사 드라이버를 탑재해봤고, 최근에는 우버와 손잡고 우버 앱으로 웨이모 택시를 부르는 협업을 시작했다. 이는 B2C 서비스로 수익을 내려는 전략과 함께 기술 표준을 주도하려는 의도도 있다. 한편 테슬라는 독자 노선을 고수하며 비협조적이지만, 자사 차를 수백만 대 판매하여 차량 데이터에서 경쟁 우위를 가져가는 데이터 장악 전략을 구사하고 있다. 그 결과 테슬라에는 충성도 높은 고객층이 FSD 베타에 참여하며 매년 소프트웨어 비용을 지불하고 있고, 이는 개발 재원으로 재투자되는 선순환을 만드는 중이다. 기술 스타트업들 중 일부는 전문 분야 특화 전략으로 생존을 모색한다. 예를 들어 라이다 전문 기업들은 자동차용 라이다를 개발해 완성차에 납품하는 사업모델을 추구하며, 소프트웨어

스타트업들은 특정 모듈(예: 주차 자동화, 트럭 차간거리 유지)에 특화된 솔루션을 완성차나 물류회사에 공급하는 식이다. 대기업에 인수합병(M&A)되는 것을 염두에 두고 기술력을 높이는 스타트업도 많다. 이는 거대한 끝판왕을 만들기는 어렵지만, 기술 밸류체인 상에서 자신만의 강점 영역을 확보함으로써 경제적 가치를 창출하려는 전략이라 할 수 있다.

국가 및 지역 차원의 투자 전략도 주목된다. 미국, 유럽, 중국, 일본, 한국 등 주요국 정부는 자율주행을 미래 전략산업으로 지정하고 연구개발 지원과 인프라 투자에 힘쓰고 있다. 미국은 정부 차원의 대규모 펀딩보다 주로 민간이 주도하는 형식이지만, DARPA 대회를 기점으로 군사·민수 겸용 기술개발을 지원해왔다. 유럽연합(EU)은 Horizon 프로그램 등을 통해 유럽완성차, 부품사, 대학 공동연구 컨소시엄에 자금을 대고 있다. 중국은 정부 보조금, 시범구 운영 등 정책 드라이브로 기업들을 육성 중이며, 로컬 기업들이 혜택을 받아 수백 개 자율주행 관련 스타트업이 난립하기도 했다. 한국도 4차산업혁명위원회 등을 통해 로드맵을 세우고 있으며, 2027년 레벨4 상용화 목표 달성을 위해 민관합동 R&D 예산을 투입하고 있다. 이러한 국가 주도 투자전략은 미래 시장 선점과 표준 주도권 확보를 노린 것으로, 글로벌 경쟁에서 뒤처지지 않기 위한 산업정책의 일환이다. 다만 정부 지원이 기술 경쟁력을 담보하지는 않으므로, 민간 혁신을 얼마나 효율적으로 유도하느냐가 관건이다.

투자 전략 얘기에서 자율주행 관련 시장의 수익모델도 짚어볼 필요가 있다. 현재로선 뚜렷한 돈줄이 없는 상태에서 개발비 지출만 크기 때문에, 어떻게 돈을 벌 것인가는 핵심 질문이다. 로보택시나 자율셔틀이 대표적인 예상 수익모델이지만, 요금 체계를 어떻게 해야 대중이 이용하면서도 기업이 이익을 낼지 검증이 안 됐다. 이에 따라 일부 기업은 물류/배달 서비스처럼 확실한 B2B 시장에 초점을 맞춰 매출화를 꾀한다.

예를 들어 아마존이 인수한 죽스(Zoox)는 승객 서비스와 더불어 자사 물류에 자율차를 활용하려는 계산도 있다. 또 다른 전략으로 데이터 및 소프트웨어 판매가 있다. 자체 차량을 팔기보다, 자율주행 소프트웨어나 고정밀 지도 서비스를 유료 라이선스로 제공하거나, 차량이 모은 데이터로 지도 업데이트, 교통정보 제공 등의 부가 서비스를 파는 것이다. 실제로 테슬라는 FSD 소프트웨어를 차량 판매와 별도로 $1만5천에 판매해 수익을 올리고, 중국 바이두는 Apollo 플랫폼에서 파생한 클라우드 서비스를 지방정부 스마트 교통망에 납품하고 있다. 요컨대 직접 서비스, B2B 솔루션, 데이터 판매 등 다양한 모델을 통해 투자금을 회수하는 전략이 모색되고 있다.

현재까지 자율주행 분야 투자는 긴 호흡의 미래 베팅 성격이 강하다. 아직 뚜렷한 흑자 기업이 없기에 많은 기업들이 버티기 싸움을 하는 중이다. 이런 가운데 투자 전략의 승패를 가를 요소는 기술 개발 속도와 시장 진입 타이밍이다. 일찍 기술을 완성한 기업이

먼저 시장을 열어 선점 효과를 누릴 수 있지만, 너무 앞서 나가도 사회가 준비가 안 되어 실패할 수 있다. 반대로 늦으면 시장을 뺏길 위험이 있다. 또한 파트너십 네트워크도 중요하다. 자율주행차는 복잡한 생태계 산업이라, 홀로 모든 걸 하기보다 연합 전선을 구축해 표준을 만들어가는 쪽이 유리할 수 있다. 이미 차량용 OS, 통신 규격, 지도 포맷 등에서 동맹 움직임이 보인다. 예컨대 메르세데스-벤츠, BMW, 아우디는 함께 지도회사 HERE를 인수해 데이터 주권을 확보했고, GM과 혼다는 크루즈에 공동 투자해 비용을 나눴다. 투자 위험을 줄이고 시너지를 내기 위한 이러한 전략적 제휴는 앞으로도 계속될 것이다.

정리하면, 자율주행차와 AI에 대한 투자는 장기적인 관점에서 전략적으로 이뤄져야 한다. 기업들은 기술, 자본, 파트너십을 고려해 최적 경로를 모색하고 있고, 정부와 투자자는 그 생태계가 건전하게 발전하도록 환경을 조성하는 중이다. 궁극적으로 생존하는 플레이어들은 거품기와 암흑기를 견디며 기술 완성과 비즈니스 모델 정착에 성공한 곳일 것이다. 현재의 막대한 투자가 미래의 과실로 이어지려면, 효율적 투자 배분과 융통성 있는 전략 수정이 반드시 필요하다.

Ⅱ. 자율주행차 관련 특허

자율주행차 기술 경쟁이 치열해지면서 특허 전쟁 또한 뜨거운 이슈로 부상하고 있다. 미래 핵심 기술을 선점하고 지식재산권으로 이익을 보호하기 위해, 글로벌 기업들은 관련 특허를 앞다투어 출원 중이다. 최근 십여 년간 자율주행 분야의 특허 출원 건수는 폭발적으로 증가했으며, 이는 해당 기술 영역이 얼마나 각광받고 있는지를 반영한다.

특허 동향을 지역별로 살펴보면, 유럽특허청(EPO) 통계를 기준으로 2010년대에 자율주행차 관련 출원이 연평균 두 자릿수 이상 급증해왔다. 예를 들어 유럽에서 2011년에 약 900여 건이던 자율주행 관련 특허 출원이 2017년에는 4천 건 가까이로 4배 이상 늘었다. 매년 증가폭도 커져 2015년 이후로는 해마다 기록적인 출원량을 보였다. 이런 추세는 유럽뿐 아니라 미국, 중국, 일본, 한국 등 주요 특허청(IP5) 모두에서 관찰된다. 2020년대에 접어든 지금도 전기차, 배터리와 함께 자율주행이 특허 출원 증가율 상위 분야 중 하나로 꼽힌다.

기업별로 누가 특허를 많이 확보하고 있는지 보면 흥미로운 양상이 나타난다. 2010년대 후반까지의 자료에 따르면, 일본의 토요타가 전 세계에서 자율주행 관련 특허를 가장 많이 보유한 기업 중 하나다. 이미 2018년 시점에 토요타가 1,400건 이상의 자율주행 특허를 보유해 2위권을 두 배 이상 앞서 있다는 보고도 있었다. 이후로도 토요타는 매년 수백 건씩 특허를 내며 꾸준히 선두를 유지한 것으로 알려졌다. 미국의 웨이모(구글)도 특허 경쟁의 강자다. 웨이모는 자율주행 소프트웨어 알고리즘, 센서 퓨전, 시뮬레이션 기법 등 광범위한 분야에서 핵심 특허를 보유하고 있다. GM, 포드 등 미국 완성차 업체들도 다수 특허를 출원해 상위권에 자리해 있다. 한 조사에서는 웨이모, GM, 포드, 도요타 등이 특허 보유 상위 5위 내 경쟁을 벌인다는 결과도 있었다. 유럽에서는 독일의 보쉬, 폭스바겐, BMW 등이 상당한 특허를 갖고 있지만, 오히려 유럽 특허 상위에는 삼성전자, 인텔, 퀄컴 같은 IT 기업들도 다수 포진했다. 이는 자율주행차 기술이 전통 자동차 영역을 넘어 반도체, ICT 기업들의 각축장이 되고 있음을 시사한다. 실제로 한 EU 보고서에 따르면 2011~2017년 유럽 특허출원 기준 1위는 삼성전자, 2위 인텔, 3위 퀄컴, 4위 LG 그룹, 5위 보쉬 순이었다. 상위 10위 중 순수 자동차 제조사는 절반도 안 되었고, 나머지는 전자·통신 기업이었다. 자율주행차에 들어가는 컴퓨팅 플랫폼, 센서, 통신 기술 등 전장 분야에서 전자기업들이 우위를 점하려는 전략이 반영된 결과다.

중국 역시 특허 경쟁에 뛰어들고 있다. 화웨이, 바이두, 텐센트 등 중국 대기업들도 AI, 통신, 클라우드 연계 기술에서 여러 특허를 내고 있다. 다만 중국 기업은 국내 출원을 많이 하고 국제 출원은 상대적으로 적다는 지적이 있다. 한국에서는 현대자동차와 현대모비스가 2010년대까지 국내 자율주행 특허 출원의 1, 2위를 다퉜으며, 그 외 만도, LG전자, 삼성전자, 전자통신연구원(ETRI) 등이 뒤를 이었다. 이는 한국이 자율주행 분야

에서 자동차 부품 기업과 ICT 기업 모두 활발히 지재권 확보에 나서고 있음을 보여준다.

특허 경쟁의 이면에는 향후 벌어질지도 모르는 분쟁에 대비하려는 움직임이 있다. 아직까지 자율주행차와 관련된 대형 특허 소송은 본격화되지 않았다. 기술이 완전히 상용화되어 시장에 돈이 걸려야 특허 분쟁이 나타나기 때문이다. 그러나 전조는 있었다. 2017년 웨이모는 우버를 상대로, 웨이모 엔지니어 출신이 자율주행 LiDAR 관련 영업비밀을 빼돌려 우버로 갔다고 고소한 사건이 있었다. 결국 우버가 합의금과 지분을 물어주고 마무리되었지만, 이는 자율주행 핵심 기술을 둘러싼 IP 분쟁의 서막으로 불린다. 앞으로 로보택시 상용화 등으로 매출이 발생하면, 서로의 특허를 침해했다는 소송이 곳곳에서 제기될 가능성이 높다. 예컨대 차량 제어 소프트웨어나 센서 구성 등에 포트폴리오를 갖춘 기업들이 로열티 협상을 유리하게 끌기 위해 소송을 무기로 삼을 수 있다. 특허 풀(Pool)을 형성하려는 움직임도 있을 수 있다. 특정 기술 영역의 필수특허를 묶어 표준특허화하고, 이를 라이선스하는 방식이다. 이미 통신 업계는 5G 등에서 이런 방식을 취하고 있는데, 자율주행 분야도 향후 표준 기술(예: 차간 통신 프로토콜, HD맵 포맷 등)이 정해지면 표준필수특허(SEP)를 둘러싼 분쟁이 벌어질 수 있다.

기업들은 이러한 상황을 염두에 두고 특허 포트폴리오를 구축 중이다. 공격적으로 특허를 확보해 놓으면 경쟁사가 침해했을 때 대응하거나, 반대로 자신이 침해 소송을 당했을 때 카운터 특허로 맞소송하는 방어 수단이 된다. 또한 기술 협상에서 특허끼리 크로스 라이선스(교차실시)하여 비용을 절감하거나, 자사가 한 분야 특허를 많이 갖고 있음을 과시함으로써 업계 주도권을 잡는 효과도 있다. 따라서 특허의 양과 질 모두 중요하다. 최근 경향은 출원 건수뿐 아니라 핵심 특허를 누가 갖고 있느냐이다. 특허의 영향력을 측정하는 지표로 인용횟수, 가족특허 규모 등이 쓰이는데, 웨이모나 토요타의 특허들은 영향력이 높다고 평가된다.

우리나라 정부도 기업들의 특허 확보를 독려하고 지원 전략을 펴고 있다. 자율주행을 비롯한 미래차 분야를 국가 지식재산 전략품목으로 정하고, 특허 빅데이터를 분석해 국내 기업에 유망 R&D 방향을 제시하거나, 해외 특허분쟁에 대비한 법률 지원을 제공하는 등의 활동을 한다. 이는 국내 기업들이 글로벌 특허 전쟁에서 밀리지 않고 정당한 대가를 확보하도록 하기 위함이다.

1. ICT분야에서 특허와 표준의 중요성

특허는 연구개발 활동의 결과물로 해당 기술에 대한 소유자의 독점사용권 또는 소유권을 보장해주는 법적 권리로, 최근에는 시장 선점 등을 위해 전략적으로 활용되며, 경쟁사에 대항하는 무기로 사용되고 있다. 특히, 기술진보의 속도가 빠르고 산업적 잠재력과 경쟁

이 치열하며, 복잡한 기술들 간 융•복합화가 발생하는 ICT산업의 경우, 대부분의 제품이 다수의 특허로 구성되어 있어 이러한 경향이 두드러지게 나타난다. [85]

스마트폰 같은 경우, 한 개의 완제품에 약 20만 개의 특허가 포함되어 하나의 특허만 침해소송이 걸려도 제품판매가 어려워지기 때문에 특허 분쟁을 회피하거나 잘 대응하는 것이 ICT산업 내에서는 기업의 생존을 좌우 할 정도로 중요하다고 볼 수 있다.

ICT표준은 산업의 규격 통일을 통한 중복투자•개발비용 감소, 호환성 확보 등 효율성 제고를 목적으로 광범위하게 개발•설정되어 있고, ICT표준을 실현하는 핵심적인 기술의 일부가 표준 특허의 형태를 띤다. 표준은 기술 공유화를 통한 기술의 보급 및 확산에 초점을 두는 반면, 특허는 기술의 사유화를 통해 독점 배타적인 인센티브를 제공하여 기술혁신을 촉진하는 역할을 한다. 이처럼 서로 상충되는 성격을 갖는 표준과 특허의 특징을 동시에 갖는 표준 특허는 둘 사이의 관계를 적절히 조합하여 적정 수준의 로열티 부여를 통해 다수가 이용 할 수 있도록 하는 구조를 형성하였다.

국제표준은 글로벌 시장으로의 진출을 위해 필수적이므로 표준특허로 지정되면 특허실시료 및 로열티 수익을 통해 막대한 이익을 얻을 수 있다. 또한, 표준특허 침해소송을 통해 제품의 판매금지 가처분 신청, 손해배상금 등 경쟁사의 시장 진입을 억제하여 지배적 위치를 공고히 하는 수단으로도 활용 될 수 있다.

제조업 제품 수출에서 특허 품질이 낮고 원천 핵심특허가 부족해 서비스 부문의 부가가치 비중이 낮은 만큼, 대책 마련이 시급하다는 지적이 나왔다. 한국은 특허 출원은 많지만, 원천·핵심특허 부족으로 지난 5년간 127억8천만 달러(14조원)의 무역수지 적자가 발생했다. 2016년 기준 4차 산업혁명 분야의 표준특허 누적 건수는 미국이 1천508건으로 가장 많았고, 일본은 336건이었다. 한국은 95건으로 4차 산업혁명 분야 관련 핵심특허가 턱없이 부족한 것으로 확인됐다. 한국 제조업이 ICT를 생산에 적극적으로 활용해 부가가치를 높이려면 산업부와 특허청, 과기부의 정책협력이 필요하다.[86]

2. 자율주행차 관련 특허 동향

(1) 글로벌 특허 동향

자율주행 기술과 관련하여 미국의 전체 특허 출원 건수는 최근까지 꾸준한 증가세를 유지하며 상승 추세를 보이고 있으며, 출원인별 분석은 미국 내 자국의 기업이 다수를 차지하여 미국 기업이 선도적으로 가장 많은 특허를 출원하고 있다.

85) 특허청, 삼정 KPMG 경제연구원, "ICT특허분쟁, 다음은 자율주행이다", 2016.03 재구성
86) 제조업 원천핵심 특허 부족으로 지재권 적자 5년간 14조원 발생, 연합뉴스, 2018.10.01

자율주행 기술의 미국 전체 특허 동향을 살펴보면, 2000년대 초반부터 본격적인 특허출원이 나타나고 있으며, 2010년 초반 이후 특허출원 건수가 증가하기 시작하여 최근 급격히 증가하는 추세를 나타내고 있으며, 미국(USPTO) 전체 특허의 내·외국인 특허출원 비율 및 현황을 살펴보면 총 1,292건이며, 내국인 71%(658건), 외국인 29%(270건)의 비율로 나타났다.

연도별 내·외국인 특허출원동향[87)]

자율주행 기술과 관련하여 미국 국적 기업인 UBER TECHNOLOGIES, VENIAM과 GM, 일본 국적 기업인 TOYOTA MOTOR, 미국 국적 기업인 FORD, 중국 국적 기업인 Baidu 등이 다수의 특허를 보유 중이며, 이어서 일본 및 중국 순인 것으로 파악되고 있다. 그 외 독일 국적 기업인 ROBERT BOSCH, 한국 국적의 기업인 HYUNDAI MOTOR, 스웨덴 국적 기업인 VOLVO 등이 다수의 특허를 보유하고 있다.

관련 주요기업은, 전통적으로 자동차를 제조하는 자동차 제조기업(GM, TOYOTA MOTOR 등)과, 인공지능/자동제어(INTEL, GOGGLE, IBM, BAIDU 등) 관련 IT기업과, 서비스 관련 Startup 기업(UBER TECHNOLOGIES, VENIAM) 군으로 나타나고 있다.

일본의 TOYOTA MOTOR, 미국의 FORD, 한국의 HYUNDAI MOTOR, 미국의 GM의 경우, 최근 5년 출원 증가율이 높아 보유 특허 기술 중 최근 부상하고 있는 기술의 비중이 높은 것으로 판단할 수 있으며, 그 외 대부분의 주요 출원인의 최근 5년 출원 증가율도 100% 이상으로 전반적으로 최근 부상하고 있는 기술의 비중이 높은 상황이다.

다출원 기준 주요 출원인[88)]

87) 자율주행 기술개발 혁신사업 (한국과학기술기획평가원, 2020)
88) 자율주행 기술개발 혁신사업 (한국과학기술기획평가원, 2020)

순위	출원인	국적	기관 성격	출원 건수	최근 5년 출원 증가율(%)
1	UBER TECHNOLOGIES	US	산업계	113	-
2	VENIAM	US	산업계	80	-
3	GM	US	산업계	70	1,350
4	TOYOTA MOTOR	JP	산업계	66	4,700
5	FORD	US	산업계	57	4,400
6	BAIDU	CN	산업계	49	-
7	WAYMO	US	산업계	38	-
8	ROBERT BOSCH	DE	산업계	27	600
9	HYUNDAI MOTOR	KR	산업계	25	2,000
10	INTEL	US	산업계	25	-
11	VOLVO	SE	산업계	23	-
12	STATE FARM MUTUAL AUTOMOBILE INSURANCE COMPANY	US	산업계	22	-
13	GOOGLE	US	산업계	20	50
14	IBM	US	산업계	17	-
15	TUSIMPLE	US	산업계	16	-
16	NIO USA	US	산업계	14	-
17	Zoox	US	산업계	12	-
18	QUALCOMM	US	산업계	11	-
19	LEAUTO INTELLIGENT TECHNOLOGY	CN	산업계	11	-
20	HONDA	JP	산업계	10	100

세부기술별로는, 자율주행 전체 세부기술 중 자율주행 통신/제어기술과 관련된 특허의 비중이 가장 높은 것으로 나타났다.

기술(전체구간) 관련한 1,292건(100%)의 특허출원건수 중에서 자율주행 인지/판단기술은 351건(28%), 자율주행 통신/제어기술은 596건(44%), 자율주행 HMI 기술은 153건(12%), 자율주행평가/인프라/서비스기술은 192건(16%)으로 나타났는데, 2012년 이후

급격한 증가 추세를 보이고 있으며, 특히, 자율주행 인지/판단기술, 자율주행 통신/제어기술의 최근 특허출원건수가 더 급속히 증가하는 형태로 나타나고 있다.

자율주행 HMI 기술은 최근 구간에서의 특허 출원 증가로 타 세부기술 대비 잠재적 가능성이 있는 분야인 것으로 나타났으며, 자율주행 인지/판단기술과 통신/제어기술은 전체구간에서 특허출원이 활발히 지속 되는 분야로, 자율주행평가/인프라/서비스기술은 최근 구간에서 특허출원 건수가 증가하기 시작 하는 기술개발 도입기 분야인 것으로 나타났다.

자율주행 관련 2011년 이후 국내특허동향을 살펴보면, 2011년부터 2016년까지 자율주행 관련 출원이 지속적으로 증가하고 있고, 특히 자율주행 차량제어 특허증가가 두드러진다. 자율주행 관련 기술에 대한 출원이 증가하고 있는 것은 자율주행 자동차의 컨셉카 및 R&D 개발에 대한 투자 증가가 주요 원인으로 파악되고 있으며, 기존 완성차 업체 외에 IT 업체 등 신규 시장 진입자가 증가함에 따라 2015년부터는 자율주행 관련 특허 출원이 대폭 증가하는 것으로 분석된다. 기술 분야별로 자율주행 차량제어 관련 특허가 전체 39%로(219건) 가장 많이 차지하고 있고, 이어서 판단 및 주행 26%(147건), 통신 및 센서 21%(118건) 순으로 특허 비중이 높다.

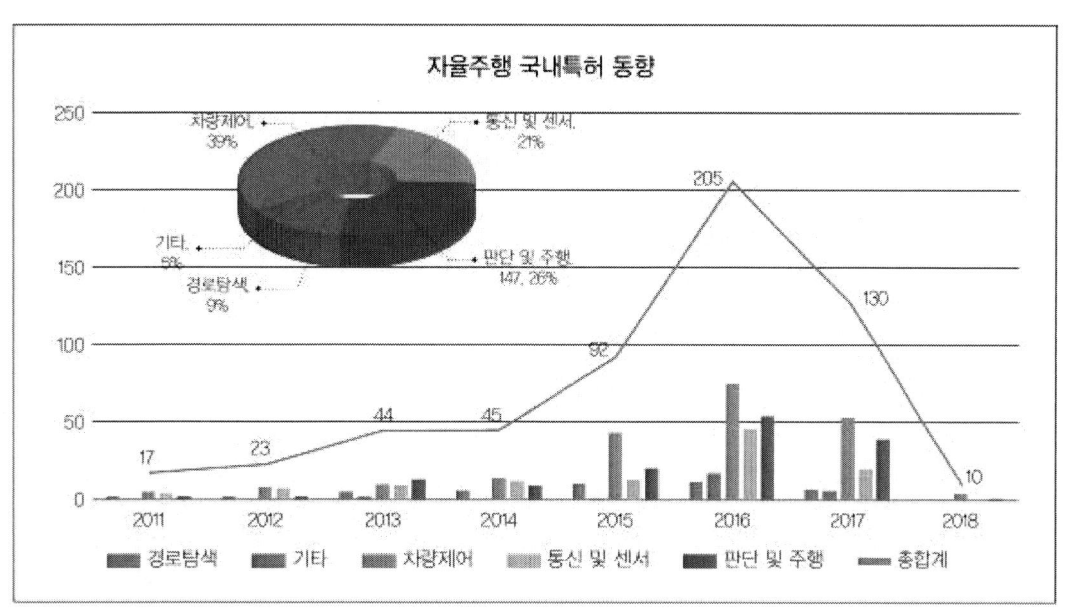

자율주행 관련 국내특허동향, 출처: 과학기술일자리진흥원.

(2) 국내 자율주행 관련 주요 기업 및 연구

국내 자율주행 기술 관련 특허 현황(2011년~2018년의 연간 누적 통계)을 살펴보면, 대기업이 자율주행 특허 중 약 42%를 보유하고 있다.89)

2011년 이후의 자율주행 기술 관련 특허 출원 건수를 기준으로, 대기업이 26건(41.7%), 해외 기업이 83건(14.7%), 정부 출연 연구원이 81건(14.3%), 중소기업이 68건(12.0%), 대학이 65건(11.5%), 개인이 33건(5.8%)를 차지하고 있다.

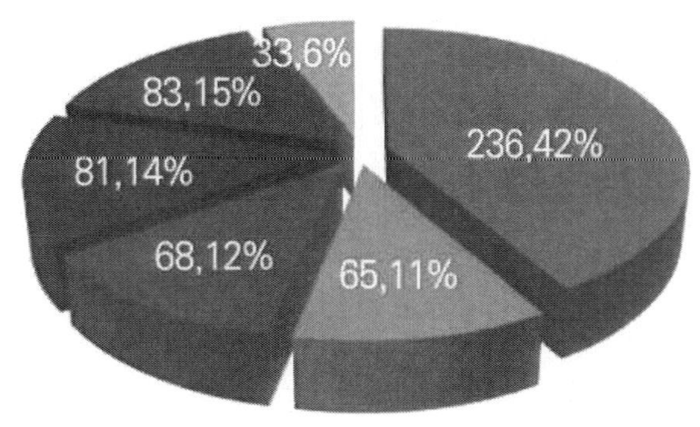

국내 자율주행 기술관련 특허보유 비율[90]

대기업 중에서는 현대자동차가 92건, LG전자가 60건, 현대모비스가 27건, 삼성전자가 22건, 만도가 13건 등으로 주로 자동차·전자 기업들이 다수의 특허를 보유하고 있다.

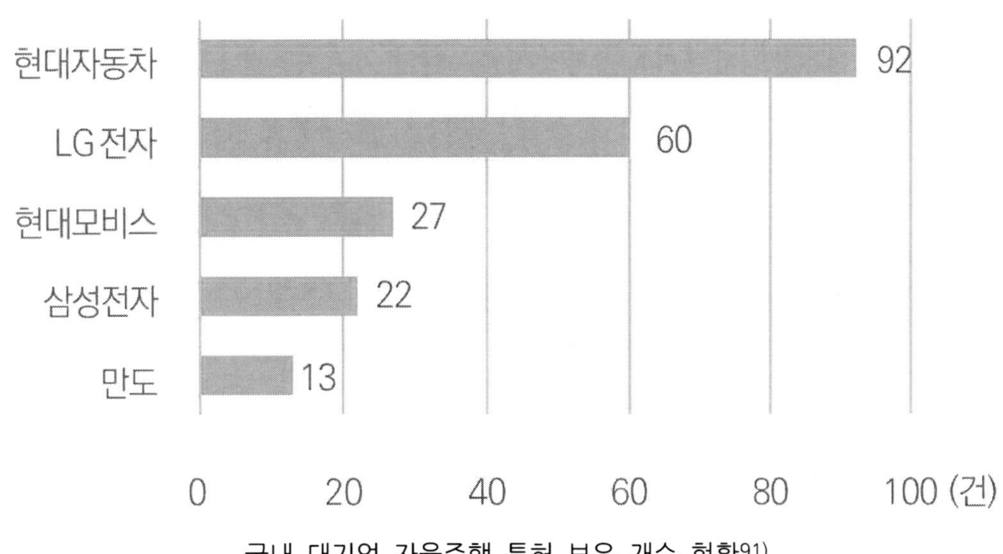

국내 대기업 자율주행 특허 보유 개수 현황[91]

정부 출연 연구원 중에서는 한국전자통신연구원(ETRI)이 35건, 국방과학연구소(ADD)가 25건, 전자부품연구원(KETI)이 4건 등으로 전자·국방 관련 연구원들의 특허보유가 많았

89) 자료: 'S&T Market Report 자율주행자동차 (과학기술일자리진흥원), 국내 자율주행 인프라 정책 및 기술 혁신 동향 (삼정KPMG 경제연구원, 2020) 재인용

90) 국내 자율주행 인프라 정책 및 기술 혁신 동향 (삼정KPMG 경제연구원, 2020)

91) 국내 자율주행 인프라 정책 및 기술 혁신 동향 (삼정KPMG 경제연구원, 2020)

다.

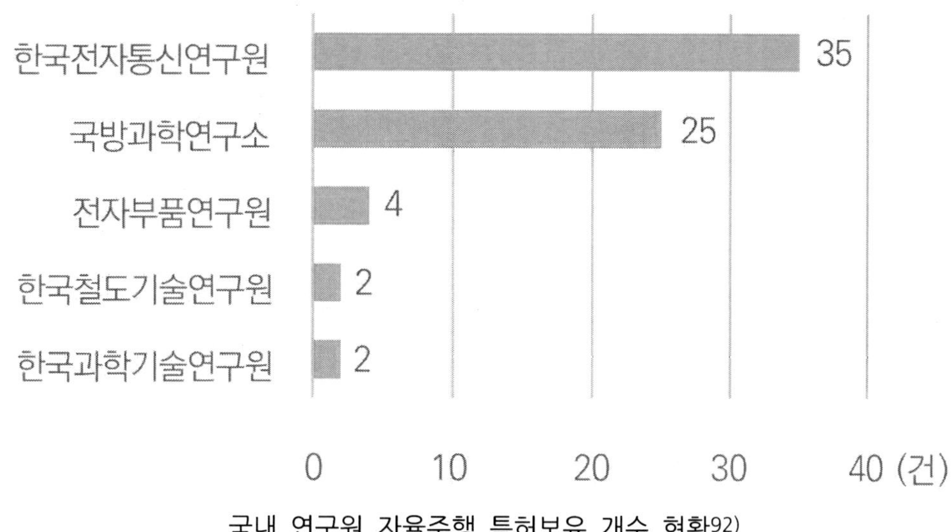

국내 연구원 자율주행 특허보유 개수 현황[92)]

대학의 특허 보유 현황을 살펴보면, 고려대학교와 대구경북과학기술원(DGIST)이 각각 6건, 동국대학교와 국민대학교가 각각 5건, 한양대학교와 한국과학기술원(KAIST)이 4건을 기록하는 등 경쟁적으로 자율주행 관련 특허를 출원하고 있다.

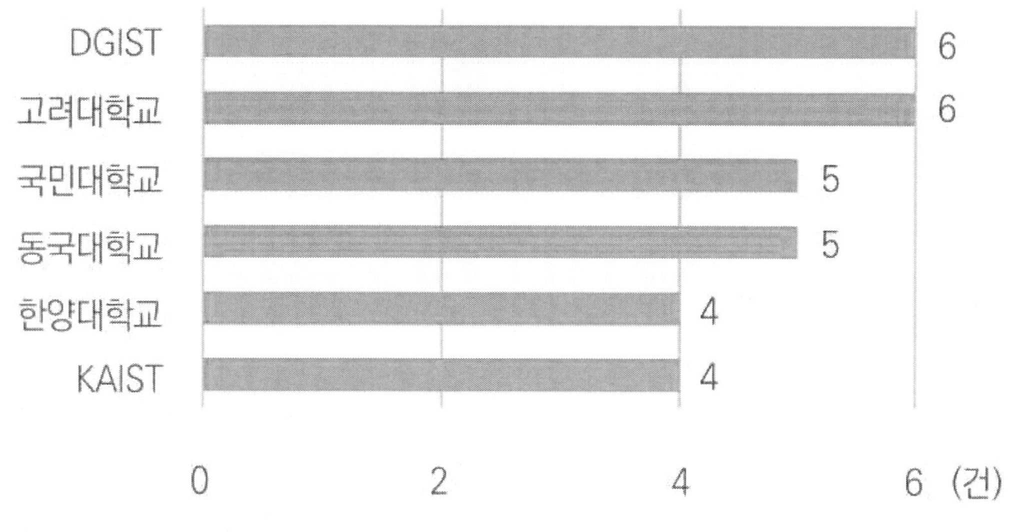

국내 대학교 자율주행 특허보유 개수 현황[93)]

국내 자율주행 자동차 산업은 현대자동차와 기아자동차 등 완성차 업체 중심으로 독자 기술 개발이 이루어지고 있으며, 국내 ICT 기업들도 자율주행 기술 연구·개발에 뛰어들고 있다.

92) 국내 자율주행 인프라 정책 및 기술 혁신 동향 (삼정KPMG 경제연구원, 2020)
93) 국내 자율주행 인프라 정책 및 기술 혁신 동향 (삼정KPMG 경제연구원, 2020)

현대자동차와 기아자동차는 2000년대 초반부터 첨단 운전자 지원 시스템(ADAS) 연구·개발에 집중해 왔으며, 2020년부터 특정 환경에서 자율주행이 가능한 자동차 양산에 착수할 예정으로, 현대자동차 그룹은 이미 주요 계열사들 간의 긴밀한 협업을 통해 차량, 부품, 고정밀지도(HD맵) 등의 개발을 완료한 상태로 알려져 있다.

LG전자의 경우에는 자동차 부품 연구·개발에 집중하여 인포테인먼트(Infortainment)분야에서 높은 기술 수준을 달성했으며, LG화확, LG디스플레이 등 계열사와 협력을 통해 자율주행을 위한 부품개발·제조·공급을 그룹내에서 수직계열화하였고, 높은 수준의 자율주행 자동차 부품 기술 역량을 확보하고 있다.

2011년 이후 자율주행 경로탐색, 통신 센서, 판단 주행 분야별 기업, 대학·출연(연) 등 공공연구기관의 특허를 바탕으로 기업/기관의 주요 R&D 보유기술을 살펴보면 다음과 같다.

① 경로 탐색 분야

현대자동차에서는 2014년부터 2016년에 이르기까지 다년도에 걸쳐 자율주행 차량의 주행경로 생성, 제어, 결정 장치와 관련된 특허 출원을 활발하게 진행하고 있다. 중소기업으로는 자율주행 관제 솔루션 개발기업인 인포뱅크(주)에서 자율주행차량의 자율주행 경로 설정방법과 관련된 기술을 개발하고 자사 제품에 이를 적용하기 위한 특허권을 확보하였으며 그 외에도 뉴비전엔지니어 링㈜, ㈜로보테크 등이 자율주행 경로탐색 분야 진출을 위한 특허활동 중이다. 한양대 선우명호 교수님 연구실에서는 다양한 주행 환경에 기반한 차량자율주행 및 경로선택·계획 방법에 대한 특허를 출원한 바 있다.

② 통신 및 센서분야

통신 및 센서분야 에서도 현대자동차와 현대모비스 등 현대 그룹에서 가장 많은 특허활동을 진행하고 있으며 특정 연구자에 집중되지 않고 다수의 연구자가 투입되어 연구개발 및 특허 발명을 수행하고 있다. 금융보안 솔루션 전문기업인 ㈜미래테크놀로지는 차량용 보안통신 시스템을 개발하고 있으며, 광학렌즈 카메라 제조기업인 해성옵틱스(주)에서도 차량의 자율주행용 감지장치를 개발하여 자율주행과 관련된 통신 및 센서 개발 활동을 진행 중이다.

대기업 주행 상황별 차선유지, 급정지, 주정차 등 행동을 스스로 판단하고 주행하는 기술분야에서는 현대 그룹과 더불어 LG전자와 삼성전자의 특허 출원 활동이 집중되고 있으며 특히 LG전자는 자율주행 차량 보조 장치 및 제어, 삼성전자는 자율 주행을 위한 모델 학습방법 등과 관련된 특허를 출원했다.

③ 라이다 부분

특허청의 보도자료(2020년)에 따르면, 최근 10년간('09~'18) 자율주행차의 핵심 기술인 라이다 관련 특허출원이 큰 폭으로 증가하였다.

2009년부터 2011년까지 라이다 관련 특허출원은 연간 20여건에 불과했으나, 2012년에 42건으로 2배 상승한 후, 2017년에 121건으로 6배 상승하는 등 출원량이 급증하고 있는 것으로 조사됐다.[94]

기업규모별로는 대기업, 스타트업·중소기업 및 외국기업 모두 출원량이 증가했으며, 특히 스타트업·중소기업이 출원량 급증을 견인하여 2014년까지 10건 미만으로 출원해 오다가 2015년에 20건 이상 출원한 후, 최근에는 30건 이상 출원하고 있는 것으로 조사됐다.

라이다 관련 연도별 특허출원 현황*('09~'18)[95]

(단위: 건)

	'09	'10	'11	'12	'13	'14	'15	'16	'17	'18
대기업	1	1	3	10	14	17	12	13	25	14
스타트업 중소기업	2	8	4	10	4	2	23	24	34	32
외국기업	2	6	7	13	12	16	12	26	28	25
전체	7	19	20	42	40	45	71	97	121	82

94) 다출원인 순위 : 에스오에스랩, 삼성전자, 현대모비스, 전자부품연구원, 엘지전자, 현대자동차, 퀄컴, 보쉬, 발레오, 하마마츠, 유진로봇, 웨이모 등.

95) 자율주행의 눈, 라이다 국내 스타트업 참여 활발 (특허청, 2020) & '18년 출원은 비공개된 일부건이 제외됨

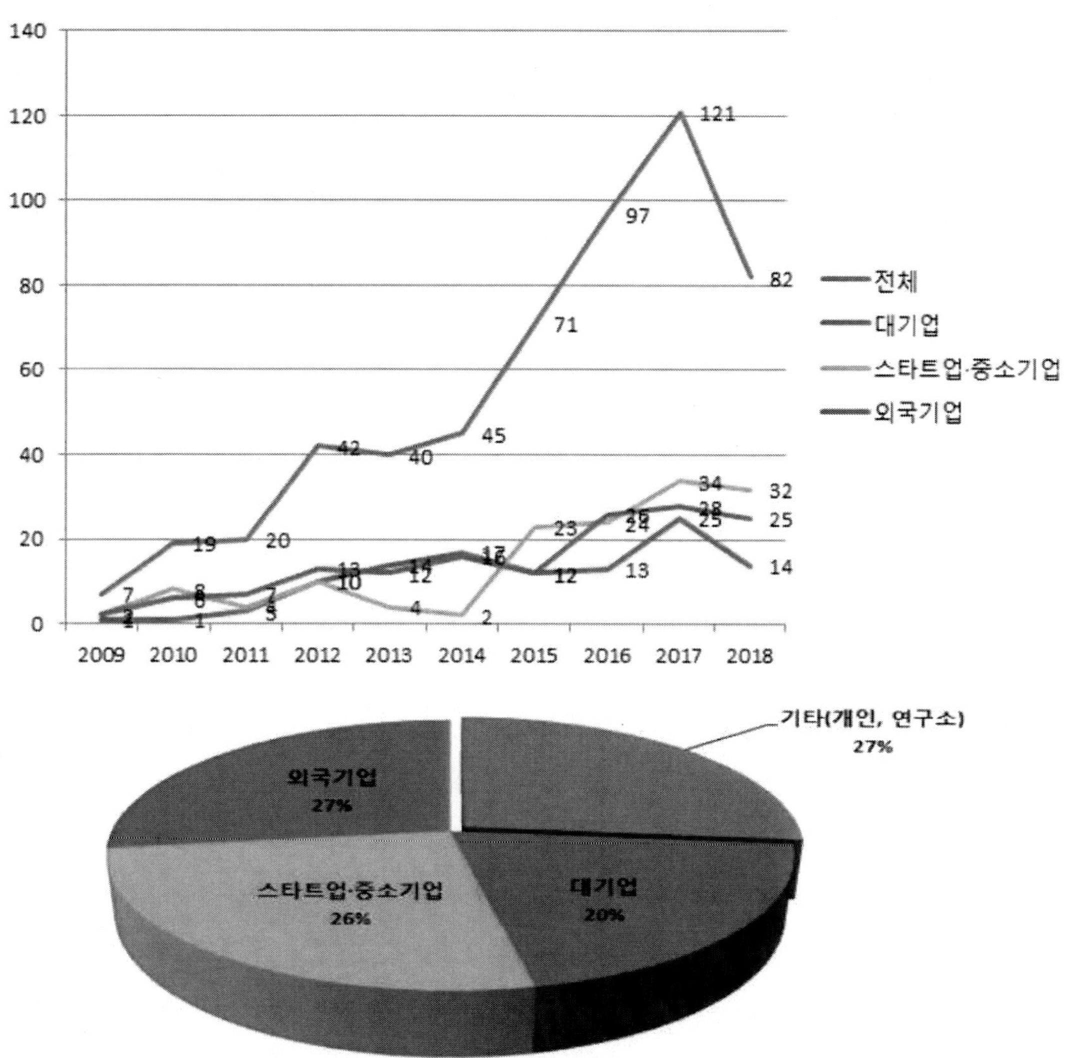

적용분야별로는, '자율주행차 분야'의 출원이 65%, '자율주행차 이외 분야'의 출원이 35%를 차지하는 것으로 조사됐다.

'자율주행차 분야'에서는 자율주행 신호처리(28%), 라이다 구조 및제어(26%), 라이다 내장소자(10%) 분야에서 출원이 증가되고 있는 것으로 조사됐다. 세부적, 자율주행 신호처리 분야에서는 주행 환경 인식을 위한 신호처리 기술이 주로 출원되고 있고, 라이다 구조 및 제어 분야에서는 회전형 라이다 기술이 대다수 출원되고 있으며, 라이다 내장소자 분야에서는 수광소자가 주를 이루나, 최근에는 고정형 라이다용 빔 조사 각도 제어소자 기술도 출원되고 있는 것으로 나타났다.

라이다 관련 연도별 특허출원 현황*('09~'18)[96]

96) 자율주행의 눈, 라이다 국내 스타트업 참여 활발 (특허청, 2020) & '18년 출원은 비공개된 일부건이 제외됨

(단위: 건)

적용분야	기술분야	'09	'10	'11	'12	'13	'14	'15	'16	'17	'18
자율주행차	자율주행 신호처리	1	6	7	13	15	19	16	29	29	16
	라이다 구조 및 제어	1	2	7	7	11	8	11	27	38	34
	라이다 내장소자	0	2	1	5	2	3	0	4	22	14
자율주행차 이외	기타	5	9	5	17	12	15	44	37	32	18

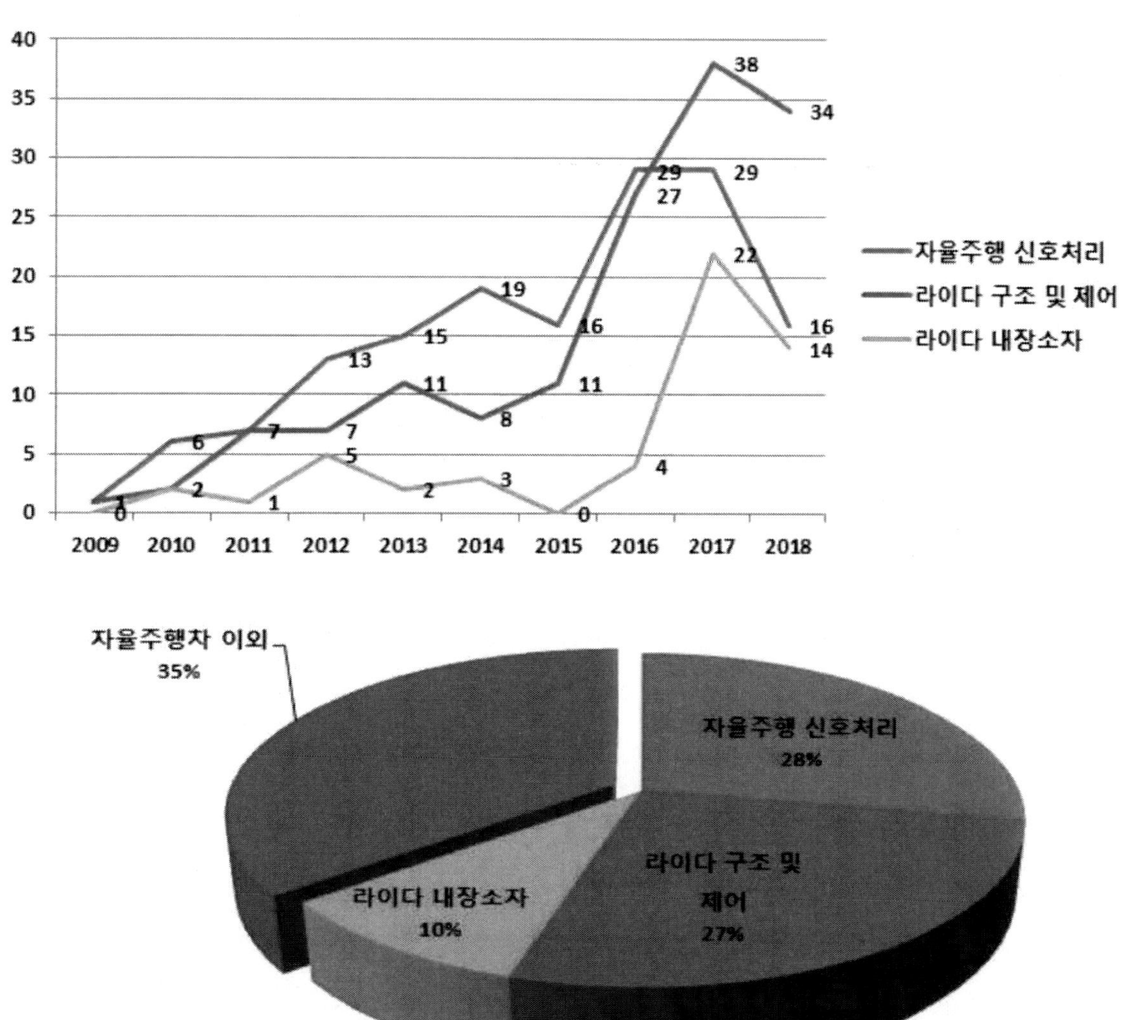

'자율주행차 이외 분야'에서는, 교통안전, 무인드론 , 무인 모빌리티, 핸드폰, 보안감시,

헤드셋, 레저 등 다양한 영역에서 라이다 기술이 활용되는 것으로 조사됐다. 주변교통상황을 알려주는 보행자 안전 장치에 적용되거나 무인드론을 이용하여 선박의 입출항 정보를 지원하는 시스템에 적용되는 등 교통안전 영역과 무인드론 영역에서 라이다 기술이 가장 많이 활용되고 있는 것으로 나타났다

④ 주요 특허권자 분석

2011년 이후 국내 주요 특허권자를 바탕으로 자율주행 분야 주요기업 및 연구기관 동향을 살펴보면, 국내 대기업이 전체 42%(236건)을 차지하고 있으며, 중소기업 12%(68건), 출연연 14%(81건), 대학 11%(65건)으로 나타난다. 자율주행 분야 해외 출원인 건이 15%(83건)으로 나타났으며 美 구글, 中 바이두 등 글로벌 IT 기업의 자율주행 국내특허 출원건들이 다수 포착되었다.

자율주행 분야 다출원 기업으로는 완성차 업체인 현대자동차와 전장부품 협력사인 현대모비스, IT분야 사업 다각화를 꾀하고 있는 LG전자, 삼성전자, 제동·조향·공조기기 전문업체인 만도 등 대기업과, 전기자동차 배선 전문기업인 ㈜경신, 센서제어, 자율항법 솔루션 개발기업 ㈜언맨드솔루션, 자율주행 관제솔루션 기업인 인포뱅 크㈜ 등 중소기업이 활발한 특허활동을 보이고 있다.

대학 및 출연(연)을 포함한 공공기관은 자율주행시스템 연구그룹을 운영하고 있는 한국전자통신연구원, 지능형 무기체계를 연구하고 있는 국방과학연구소 등 출연연과 더불어 로봇 및 자율주행 연구가 활발한 고려대, 자율 주행과 연계된 차량 설계기술 중심의 DGIST 등이 주요기관 및 연구자로 나타났다.

3. 자율주행차 관련 특허가 주는 시사점

자동차에 다양한 ICT 기술이 접목됨에 따라, 자동차에서 ICT부품 비중이 2010년 35% 수준에서 2030년 50% 수준까지 커질 것으로 예측된다. 이러한 추세에 따라 ICT분야를 중심으로 하던 특허분쟁이 자연스럽게 자동차 분야로 확대되어 특허분쟁도 급증하게 될 것이다. 이에 자율주행차 분야에서 시장 우위를 선점하고 경쟁기업을 견제하기 위해 관련 기업들에게 특허전략은 선택이 아니라 필수가 되었다.

(1) 기술무역수지 적자 개선

앞에서 부터 자율주행차 관련 기술개발 현황, 특허 출원 현황 등을 살펴본 결과 주요국에 비해 국내 기업들의 기술개발은 5년, 정부의 규제개선은 3년 정도 뒤쳐졌으며 국제

표준화 제정 작업의 참여도 상대적으로 미진한 것으로 나타났다. 주요국에 비해 자율주행 기술 특허 출원 건수는 뒤지지 않지만, 다수의 특허를 보유한 것은 반드시 해당 분야의 기술 선도를 의미하지는 않는다. 따라서 특허의 질적인 측면도 면밀히 살펴볼 필요가 있다.

기술이 중요한 핵심요소가 되는 자율주행차 산업은 국제경쟁이 치열하기 때문에 표준특허 획득이 국제 경쟁력 확보에 주요 요인으로 작용한다. 향후 자율주행차가 운송시스템의 주력 산업으로 성장할 가능성을 볼 때, 해당 분야 기술에 표준으로 선정 될 경우, 우리나라 기술무역수지 적자가 크게 개선될 수 있다. 또한, 자율주행차 시장에서 경쟁우위를 확보하고, 국가 및 기업의 이미지 제고에도 도움이 될 수 있을 것이다.

따라서 원천 기술 확보를 위한 연구개발에 집중적으로 투자하는 한편, 기술개발 단계에서 부 표준화와 연계한 특허전략을 수립할 필요가 있을 것이다. 또한, 일반적으로 기업이 보유한 특허 포트폴리오 중 1%의 특허가 90%의 수입을 창출하고, 5~10%가 핵심사업을 보호하며, 10~70%는 특허 실시나 판매 가능성율 보유하고 있고 나머지는 사실상 불필요한 것으로 분석되고 있다. 이에 따라 1%의 수입을 창출할 수 있는 표준특허 창출 및 선점에 주력하고, 현재 활용되고 있지 않는 특허는 협력관계 구축이나 판매 가능성을 타진하는 등 특허 활용의 질적 측면을 강화해야 한다.

(2) 특허분쟁 손실 완화

정상적인 생산과 판매활동을 통해 이윤을 획득하던 기업들은 NPE로 인해 비용부담이 가중되고 결과적으로 기업들의 연구개발 투자의 감소로 이어져 기술진보가 저해되는 일이 발생한다. 따라서 ICT분야 기업의 시장경쟁력을 약화시키는 NPE 소송에 대한 대비책을 마련하기 위해 특허시장에서 NPE의 전체적인 움직임을 파악하고 향후 움직임을 예측할 필요가 있다.

미국의 경우에는 NPE의 80% 이상은 ICT업체와 밀접히 관련되어 있어 미국 ICT 기업들은 특허 관련 소송에서 패소하여 물어주는 로열티보다 더 많은 로열티를 벌어들이기 위해 비즈니스 모델로 NPE를 사용한다. 우리나라도 한국형 NPE를 설립하여 국내 기업이 NPE와의 특허분쟁에서 입을 수 있는 손실을 완화하고 더불어 국내외 연구소, 대학, 기업이 보유하고 있는 우수 특허에 선제적으로 투자하여 특허 풀을 구성하여 이를 통해 수익을 창출하는 선순환 구조를 구축할 필요가 있다.

Ⅲ. 자율주행차에 대한 소비자의 선호도

신기술의 성공적인 도입을 위해서는 소비자들의 인식과 선호가 긍정적이어야 한다. 자율주행차도 예외가 아니라서, 대중이 어떤 마음으로 이 기술을 바라보고 있는지가 매우 중요하다. 현재까지 조사된 여러 소비자 여론과 선호도 데이터를 보면, 기대와 우려가 혼재된 복잡한 양상이 나타난다. 이를 세부적으로 살펴보자.

우선 많은 소비자들이 자율주행차의 편의성과 효용에 대해 관심과 기대를 표명한다. 특히 운전 부담을 덜 수 있다는 점에 매력을 느끼는 경우가 많다. 한 글로벌 설문에 따르면, 응답자의 약 3분의 2가 고속도로 주행처럼 단조롭고 피곤한 상황에서 자율주행 기능을 이용하고 싶다고 답했다. 이는 장거리 운전이나 교통체증 상황에서 차량이 대신 운전해주길 바라는 니즈가 분명 존재함을 보여준다. 또한 주차 문제를 해결해주는 자율주행 기능에 대한 선호도도 높게 나타난다. 좁은 공간에서의 자동 주차나, 버튼 한 번으로 차량이 나를 픽업하러 오는 기능 등은 소비자들이 유용하다고 생각하는 대표적 예다. 실제 조사에서 자동 주차 기능은 소비자들이 가장 추가 비용을 지불하고라도 갖고 싶어하는 자율주행 관련 기능 중 하나로 꼽혔다. 이는 주차 스트레스를 기술로 해소할 수 있다면 충분한 돈을 지불할 용의가 있다는 의미다.

또한 안전에 대한 기대도 선호도에 반영된다. 많은 운전자들이 스스로 운전할 때의 위험요소들을 알고 있기 때문에, 기계가 운전하면 더 안전할 수 있다는 점에 호의적인 시각을 보인다. 한 국제 조사 결과에 따르면, 54%의 응답자가 자율주행차가 스스로 운전하면 보다 효율적으로 주행할 것이라고 믿었고, 약 47%는 자율주행차가 사람이 운전하는 것보다 더 안전할 것이라고 답했다. 특히 첨단 센서와 AI가 탑재된 차량이라면 돌발 상황에서 인간보다 빠르게 반응해 사고를 피할 수 있지 않을까 하는 기대가 존재한다. 이런 인식은 기술 초신뢰층에서는 “기계가 인간의 실수를 제거해주리라”는 강한 믿음으로 나타나기도 한다. 따라서 소비자들은 자율주행차가 공인된 안전 인증을 받고 좋은 안전도 평가를 기록한다면 좀 더 신뢰할 의향이 있다. 실제로 안전 등급이 높다면 돈을 더 지불해서라도 그런 차를 사겠다는 응답자도 절반 이상에 이르렀다.

반면에, 소비자 선호도 조사에서 드러나는 부정적 정서도 무시할 수 없다. 상당수 사람들이 아직은 자율주행차에 불안감을 가지고 있다. 특히 완전한 무인차에 대한 두려움이 크다. 예를 들어 미국 AAA의 2023년 조사에서는 운전자 중 68%가 자율주행차 탑승이 두렵다고 답해, 1년 전에 비해 공포감이 증가한 것으로 나타났다. 이는 2023년 당시 잇따른 테슬라 차량 사고 뉴스, 크루즈 로보택시의 사고 보도 등이 영향을 끼친 것으로 보인다. 최근 2024년 조사에서도 66% 가량이 여전히 두려움을 표한 것으로 집계되었다. 특히 고령층, 여성 운전자 등에서는 거부감이 더 높게 나타나는 경향이 있다. 이러한 두려움의 이유로는 “기술이 완벽하지 않을 것 같다”, “오류가 나면 치명적일 것 같다”, “예

측 못한 상황에서 어떻게 할지 의문" 등이 꼽힌다. 요컨대 사람들은 아직 기계 운전자보다는 인간 운전자에 대한 심리적 신뢰가 더 강한 것이다.

소비자들의 신뢰 부족은 자율주행차 선호도를 낮추는 핵심 요인이다. 자율주행 기술이 좋아도, 신뢰하지 못하면 이용하지 않겠다는 것이다. 한 설문에서는 로보택시 서비스를 알고 있는 사람 중 절반 이상이 "이용 의향이 없다"고 답했다. 이는 기술 자체보다는 심리적 요인이 큰 것으로, 아무리 편리해도 안전이 담보되지 않으면 안 타겠다는 의미다. 따라서 현재 기업과 정부가 해야 할 숙제는 이러한 신뢰 형성이다. 소비자들의 마음을 얻는 것이 기술 개발만큼이나 중요하다. 전문가들은 이를 위해 투명한 정보 공개와 교육이 필요하다고 지적한다. 예컨대 자동차 제조사는 자율주행 시스템의 한계와 능력을 정확히 소비자에게 알려 기대치를 관리해야 한다. 또 실제 운행 데이터로 안전성을 증명해 보이는 것이 중요하다. 충분히 오랜 기간 큰 사고 없이 운행되면 사람들도 점차 안심하게 될 것이라는 전망이다.

지역별로 보면 문화적 차이도 있다. 중국, 인도, 동남아시아 등 신흥 시장의 소비자들은 기술 수용도가 비교적 높아 자율주행차에도 호기심과 긍정적 태도가 강하다. 반면 미국, 유럽, 일본 등은 안전과 신뢰를 더 중시하여 보수적인 경향이 있다. 예를 들면 한 국제 조사에서 중국 응답자의 70% 이상이 자율주행차를 타보고 싶다고 답한 반면, 독일이나 미국 응답자 중 절반 이상은 아직 타고 싶지 않다고 했다. 이는 기술에 대한 익숙함, 정부 규제 분위기, 언론 보도 양상 등이 복합적으로 영향을 미친 결과다. 다만 전 세계적으로 젊은 세대일수록 자율주행에 거부감이 적고 시도 의향이 높다는 공통점이 있다. 20~30대는 첨단 기술에 친숙하고 새것을 받아들이는 데 거침이 없어, 자율주행차 서비스가 나오면 먼저 경험해보려는 경향이 있다. 반대로 고령층은 자율주행 기술의 작동 원리를 이해하기 어려워하며, 혹시 시스템이 고장났을 때 대처할 자신이 없다는 이유로 주저하는 모습이다.

소비자 선호에서 또 하나 중요한 부분은 가격 민감도다. 현재 자율주행 기능이 적용된 차량이나 서비스는 가격이 비싸다. 이에 대해 소비자들이 얼마까지 지불할 의향이 있는지가 상용화 성공의 관건이다. 조사들에 따르면, 대다수 소비자는 자율주행 옵션에 대해 어느 정도 추가 비용은 용인하지만, 그 한계는 존재한다. 가령 Level 3 조건부 자율주행 옵션에 5천 달러 이상은 내기 어렵다는 응답이 많았다. 실제 메르세데스의 드라이브 파일럿이 6천 유로 수준인데, 이는 일부 고급차 소비자 외에는 접근하기 힘든 가격이다. 따라서 규모의 경제로 가격을 낮추지 않으면 초기 보급은 더딜 수 있다. 반면 완전 자율주행 로보택시 서비스는 가격 경쟁력이 있을 것으로 보는 시각도 있다. 운전기사가 없으니 택시 요금을 낮출 여지가 있고, 소비자가 택시보다 싸면 굳이 자기차를 운전하지 않을 거라는 것이다. 그러나 이는 어디까지나 조건에 따라 다른데, 현재 크루즈나 웨이모의 요금은 큰 폭 할인된 수준이 아니며, 결국 차량원가를 낮추고 운영 효율을 높여야 저

렴하게 공급할 수 있을 것이다. 결론적으로, 소비자들은 자율주행 기술에는 관심있지만 "안전할 것" 그리고 "합리적 가격일 것"을 전제로 한다고 요약할 수 있다.

향후 소비자 선호도는 경험에 따라 변화할 것으로 예상된다. 초창기 자동차가 나왔을 때 마냥 지금은 회의와 기대가 섞여 있지만, 막상 주변에서 자율주행차를 흔히 보게 되고, 직접 타보는 사람이 늘면 인식은 자연스레 개선될 가능성이 높다. 특히 한번 타본 사람들은 편리함에 감탄하면서 불안감을 크게 줄였다는 후기가 많다. 기업들도 이를 알기에 적극적으로 체험 행사, 시승 서비스 등을 제공하고 있다. 그리고 첫 인상이 중요하므로, 초기 상용 서비스들은 안전사고 없이 긍정적 입소문을 내는 것이 중요하다. 만약 큰 사고가 연달아 발생하면 한동안 소비자들이 등을 돌릴 위험이 있다. 반대로 성공적인 운영을 통해 "정말 안전하더라"는 사회적 신뢰가 형성되면 선호도는 기하급수적으로 상승할 수 있다.

현재까지의 상황을 보면, 소비자들은 ADAS 같은 부분 자율기능은 환영하지만 완전 자율에는 신중한 태도로 요약된다. 많은 차 구매자들이 차선 유지, 자동 비상제동 같은 기능은 차량 구매 시 선호 옵션으로 꼽는다. 이러한 Level 2 기술들은 이미 상용화되어 성능이 검증되었기 때문이다. 이렇듯 점진적으로 소비자들이 기술에 익숙해지면서 신뢰를 쌓고, 단계적으로 더 높은 자율주행으로 넘어가게 하는 것이 현실적인 경로로 여겨진다. 완전히 운전대를 놓아버리는 경험은 혁신적이지만, 거기까지 가는 여정에서 소비자들을 설득하는 일은 차근차근 진행될 것이다.

결론적으로, 소비자 마음을 얻는 것이 자율주행차 시대의 성공 열쇠다. 선호도 조사를 통해 나타난 장단점을 잘 파악하여, 기술 개발자와 정책 입안자들은 이를 반영해야 한다. 안전에 대한 확실한 보증, 가격 합리화, 올바른 홍보와 교육 등을 통해 점차 소비자들이 자율주행차를 믿고 편안히 받아들이도록 유도해야 할 것이다. 그렇게 된다면 자율주행차는 공상 속 기술이 아닌, 대중교통과 개인교통의 당당한 대안으로 자리잡게 될 것이다.

제 6장. 결론

자율주행 자동차와 인공지능 기술의 융합은 자동차 산업뿐만 아니라 우리 사회 전반에 걸쳐 혁신을 가져올 거대한 흐름이다. 본서에서는 자율주행차의 개념과 핵심 기술, 그리고 이를 가능케 하는 인공지능의 역할을 살펴보았고, 기술적 현황과 미래 전망을 분석하였다. 아울러 사회적인 측면에서 제도·인프라 준비의 중요성과 미래 사회의 변화를 조망했으며, 남아 있는 과제들을 짚어보았다. 또한 경제적 측면에서 투자 동향과 특허 경쟁, 소비자 인식 등 자율주행차를 둘러싼 현실적인 이슈들을 다루었다. 이를 통해 알 수 있었던 것은, 자율주행차 혁신은 단순히 차 한 대의 발명이 아니라 기술-사회-경제가 얽힌 종합혁신이라는 점이다.

현재 자율주행 기술은 눈부시게 발전했지만 아직 완전하지는 않다. 일부 도시에서 로봇택시가 등장하고 고속도로 자율주행 트럭이 시험 운행되는 등 가능성의 문이 열린 단계다. 그러나 동시에 안전 문제로 인한 시범사업 중단, 기업들의 사업 조정 등 현실의 벽도 존재한다. 이는 혁신이 나아가는 과정에서 불가피한 진통일 것이다. 중요한 것은 이러한 시행착오를 통해 기술이 더욱 견고해지고 사회 역시 학습을 한다는 점이다. 실패는 교훈을 남기고, 교훈은 다음 성공의 밑거름이 된다.

향후 자율주행차가 일상이 되기 위해 풀어야 할 숙제들이 많다. 기술적으로는 악천후 인식, 사이버보안 등 난제들을 하나씩 극복해야 한다. 사회적으로는 법과 제도를 손보고, 시민들이 신뢰할 수 있도록 투명성과 소통을 강화해야 한다. 경제적으로는 지속 투자 속에서 현실적인 비즈니스 모델을 찾아야 한다. 이 모든 과제들은 서로 밀접하게 연결되어 있다. 예를 들어 기술 발전은 규제 완화를 촉진하고, 소비자 신뢰는 기술 상용화를 가속한다. 따라서 산·학·관·민의 협력이 필수적이다. 기업과 연구자는 혁신을 이뤄내고, 정부는 지원과 조율을 하며, 시민은 열린 마음으로 변화를 받아들이는 선순환 구조가 요구된다.

자율주행차와 AI는 궁극적으로 인간의 이동 자유를 극대화하고 동시에 이동의 위험과 불편을 최소화하는 것을 목표로 한다. 이는 인류가 오랫동안 꿈꿔온 "안전하고 편리한 교통"의 이상에 부합한다. 물론 그 길이 단순하지는 않지만, 최근의 기술 진전과 축적된 경험을 볼 때 그 종착지에 점차 가까워지고 있음은 분명하다. 다가올 몇 년, 그리고 10여 년 후 우리는 도로 위 풍경이 혁신적으로 바뀌어 있는 것을 목격할 가능성이 크다. 자동차는 더 이상 단순한 기계가 아니라 생각하고 소통하는 파트너가 될 것이며, 인간은 운전에서 해방되어 더 생산적이거나 즐거운 활동에 시간을 할애할 수 있을 것이다.

마지막으로, 자율주행차 시대의 도래는 인공지능과 인간의 관계에 대한 새로운 성찰을 요구한다. 기계가 운전대를 잡는 모습은 AI가 인간의 중요한 일부분을 대신하는 상징적 장면이라 할 수 있다. 이를 통해 우리는 AI를 신뢰하고 협력하는 법을 배워야 하며, 동시에 AI의 한계를 이해하고 책임있는 사용을 고민해야 한다. 기술은 도구이며, 그 활용

에 따라 밝은 미래도, 어두운 미래도 될 수 있다. 자율주행차가 가져다줄 편익을 극대화하고 부작용을 최소화하는 것 또한 우리 사회의 지혜에 달려 있다.

요약하면, 자율주행 자동차와 인공지능은 미래 모빌리티 혁명의 쌍두마차라 할 만하다. 이들이 이끄는 혁신의 방향으로 나아가면서, 우리는 안전하고 효율적이며 포용적인 교통 시스템이라는 오랜 숙원을 이룰 수 있을 것으로 기대된다. 물론 그 과정에는 도전이 따르지만, 인류는 지금까지 그래왔듯이 기술과 사회를 조율하여 새로운 시대를 열어갈 것이다. 자율주행 자동차 시대는 이미 우리 눈앞에 성큼 다가와 있으며, 남은 과제를 함께 풀어나갈 때 비로소 그 문턱을 완전히 넘게 될 것이다. 미래의 도로 위에는 사람이 아닌 AI가 운전하는 차들이 서로 소통하며 달리고, 인간은 보다 안전하고 편안하게 목적지에 이르는 풍경이 펼쳐질 것이다. 이것이 자율주행 자동차와 인공지능이 함께 그려나가는 내일의 모습이다.

도 서 명: 자율주행 자동차와 인공지능에 대한 다각도 접근
저　　자: 비피기술거래
초판발행: 2026년 01월 16일
발 행 처: 비피기술거래
발 행 인: 박기혁
등록번호: 제2016-000034호
주　　소: 서울특별시 영등포구 버드나루로 130 1층 104호(당산동, 강변래미안)
Tel.(02) 535-4960　Fax.(02)3473-1469

Email. kyoceram@naver.com

BP기술거래 베스트셀러 LIST10

만화 김영란법 Q&A

저자 김상목 / 30,000 원

동호인 테니스를 이기는 절대적인 방법 발리 [VOLLEY]

저자 박기혁 / 25,000 원

학교에서 배우지 않는 것들

글 김상목 그림 김서현 / 30,000 원

융합은 즐거움이다

저자 비피기술거래 / 30,000 원

누구나 이모티콘을 제작할 수 있다

저자 비피기술거래 / 60,000 원

블록체인 산업 지도를 바꾼다

저자 비피기술거래 / 60,000 원

자율주행자동차 인공지능 보고서

저자 비피기술거래 / 60,000 원

4차산업과 마이스(MICE) 컨벤션 산업의 발전

저자 박기혁, 송승룡, 비피국제회의기획 / 30,000 원

자율주행 자동차 시대를 위한 법적인 과제와 준비

저자 권영실 변호사 / 60,000 원

문재인 정부의 과학기술정책

저자 비피기술거래 / 60,000 원

BP Book List

001 유아용품 시장조사 보고서 (20161027 절판)

002 페라이트시트 관련 시장동향 보고서
저자 비피기술거래 / 120,000

003-2 [개정판] 페로브스카이트 태양전지 국내외 현황조사
저자 비피기술거래 / 120,000

004-1 [개정판] LED 산업 분석
저자 비피기술거래 / 120,000

005-1 [개정판] Silver Epoxy & Ink Cu ink&paste 시장보고서
저자 비피기술거래 / 120,000

006 확대되는 열가변저항기(Thermistor)의 기술, 시장 전망과 최근 개발 동향
저자 비피기술거래 / 120,000

007-1 [개정판] 자동차용 배기온도센서 관련 시장동향 보고서
저자 비피기술거래 / 120,000

008-1 [개정판] 골충전재 시장 조사 보고서
저자 비피기술거래 / 120,000

009-2 [개정판] 전고체전지 기술조사 보고서
저자 비피기술거래 / 120,000

010-1 [개정판] 티타늄 소재시장 가능성과 수요조사 보고서
저자 비피기술거래 / 120,000

011-1 [개정판] Etchant 기술동향 및 분석보고서
저자 비피기술거래 / 120,000

012-1 [개정판] 다공성세라믹 적용 산업 현황 보고서
저자 비피기술거래 / 90,000

013 [개정판] 열전발전소자 및 Hermetic sealing 관련 기술동향 및 분석 보고서 (20180214 절판)
저자 비피기술거래 / 120,000

014-1 [개정판] Fine Pitch 배선 형성용 구리에찬트 조사보고서
저자 비피기술거래 / 120,000

015-1 [개정판] 알루미늄 도금기술 접목한 섬유분야의 상용방안 및 시장성 보고서
저자 비피기술거래 / 120,000

016-1 [개정판] 쿼츠 Quartz 유리산업 분석을 통한 정밀광학기기 및 광학용부품 시장조사 보고서
저자 비피기술거래 / 120,000

017 고기능성 나노코팅 소재 보고서 (20170517 절판)

-1
018-1 [개정판] 외발자전거 시장 조사 보고서
저자 비피기술거래 / 120,000

019-1 [개정판] 자전거 스마트폰 거치대 시장 조사 보고서
저자 비피기술거래 / 120,000

020-2 [개정판] 전력절감 시스템 시장조사 보고서
저자 비피기술거래 / 120,000

021-1 [개정판] 시멘트 산업 시장동향 보고서
저자 비피기술거래 / 120,000

022-2 [개정판] 1인 가구 증가에 따른 산업동향 변화보고서
저자 비피기술거래 / 120,000

023 전통문화의 시장 및 기술동향 – 한옥과 친환경주택
저자 비피기술거래 / 120,000

024 브렉시트(Brexit) 본질읽기 유망산업 보고서
저자 비피기술거래 / 30,000

025 뉴로모픽기술과 시장보고서
저자 목하균 / 60,000

026-2 [개정판] 전기차 충전기 시장조사 보고서
저자 비피기술거래 / 120,000

027 신재생 에너지 기술 및 시장 분석
저자 김송호 / 60,000

028 테슬라의 한국 상륙-우리는 과거시대의 악몽을 반복할 것인가
저자 비피기술거래 / 60,000

029 김영란법 Q&A
저자 김상목 · 박기혁 / 60,000

030 회의를 디자인하라 (20180605 절판)
저자 김상목 / 30,000

031 도널드 트럼프 당선시의 한국경제, 기업에의 영향과 유망산업보고서
저자 비피기술거래 / 30,000

032 모바일 및 웨어러블 기기용 화학, 환경 센서 시장조사 보고서
저자 비피기술거래 / 120,000

033 전통문화의 시장 및 기술동향 – 전통식품
저자 비피기술거래 / 120,000

034 듀얼카메라 시장조사 보고서
저자 비피기술거래 / 120,000

035 기업들이 망하는 20가지 이유 – 신규 창업인이 회사를 망하게 하는 20가지 착각
저자 박기혁 / 30,000

036-2 [개정판] 모바일화에 따른 온라인 문화콘텐츠산업 동향
저자 비피기술거래 / 120,000

037-2 [개정판] 미세먼지에 관련된 국내시장분석 보고서
저자 비피기술거래 / 120,000

038-2 [개정판] 트렌드 변화에 따른 인테리어, 가구 시장 보고서
저자 비피기술거래 / 120,000

039 힐러리 클린턴의 집권이 우리나라에 미칠 영향
저자 비피기술거래 / 30,000

040-2 [개정판] MEMS 기술 산업 전략 보고서
저자 비피기술거래 / 60,000

041-2 [개정판] 반려동물 산업과 첨단 기술의 만남
저자 비피기술거래 / 60,000

042 할랄화장품
저자 비피기술거래 / 60,000

043 포켓몬go 성공요인과 파급 효과
저자 비피기술거래 / 30,000

044 융합은 즐거움이다 – 과학기술과 인문학의 collaboration
저자 비피기술거래 / 30,000

045 중국 의약품, 아동 의약품, 동물 의약품, 온라인 약국등의 시장과 제도 및 진출전략
저자 비피기술거래 / 60,000

046 조명시장과 OLED 시장보고서
저자 비피기술거래 / 60,000

047-1 [개정판] 고체산화물 연료전지(SOFC) 정책 및 시장과 개발 업체 동향, 기술현황과 사업아이템
저자 비피기술거래 / 120,000

048-1 [개정판] 방열소재시장과 기술동향
저자 비피기술거래 / 60,000

049 남성화장품 시장 조사 보고서
저자 비피기술거래 / 60,000

050 우리나라 지진역사와 주요국 대피시스템 비교 그리고 관련산업 동향
저자 목하균 / 60,000

051 집단 토론 면접 가이드 (20180605 절판)
저자 김상목 / 30,000

052 콘텐츠 큐레이션(Contents Curation)
저자 허두영 / 30,000

053 한국인이 두려워하는 대통령 트럼프가 제시한 5대중요정책(보호무역,한국혐오등)과 그에 대한 대처법 보고서 저자 비피기술거래 / 30,000

054 기후 변화와 녹색 성장
저자 김송호 / 60,000

055 적외선센서 보고서
저자 비피기술거래 / 120,000

056 교수 및 고위 공무원이 해외연수 잘 다녀오는 방법
저자 비피기술거래 / 30,000

057 그린 비즈니스 – 스마트 그리드그린건물 · LED 조명
저자 김송호 / 30,000

~~058 (만화) 김영란법 Q&A~~
~~저자 김상목 / 30,000~~

059 동호인 테니스게임에서 이기는 절대적 방법 – 발리
저자 박기혁 / 30,000

060 도널드 트럼프 당선 – 세계는 어떻게 될까
저자 비피기술거래 / 30,000

061 시스템 반도체 산업동향보고서
저자 목하균 / 120,000

062 R&D지원사업 200% 활용하기 연구소기업과 기업 부설연구소의 설립
저자 비피기술거래 / 25,000

063 COFFEE, 한 잔의 커피는 한 번의 여행과 같다
저자 이강복 / 30,000

064 대한민국 정치인과 기업인 리더가 트럼프의 대선 승리에서 배워야 할 7가지 교훈
저자 비피기술거래 / 60,000

~~065 주식시장리포트 – 이 주식들이 곧 오를 수밖에 없는 다섯 가지 이유~~
~~저자 비피기술거래 / 50,000~~

066-1 [개정판] 미국인이 사랑하는 미셸 오바마
저자 비피기술거래 / 30,000

067 그린 비즈니스 – 전기차와 이차전지
저자 김송호 / 60,000

068-1 [개정판] 화합물 반도체산업 동향 보고서
저자 박진석 / 120,000

069 중국 가전제품 시장 보고서
저자 비피기술거래 / 120,000

~~070 학교에서 배우지 않는 것들 – 어른이 되기 위한 인생 필수 교과서~~
~~저자 김상목 · 김서현 / 120,000~~

071 B급 전략 평범한 회사나 개인도 절대로 망하지 않게 하는 특급전략
저자 박기혁 / 30,000

072-1 [개정판] 편의점 사업의 현재와 미래 편의점 사업 이대로 좋은가
저자 비피기술거래 / 120,000

073 뉴요커를 사로잡을 7가지 사업 아이템
저자 비피기술거래 / 60,000

074 유커 발길을 잡아라 – 유커 관광산업 보고서
저자 비피기술거래 / 60,000

075-1 [개정판] 생활화학제품 이대로 좋은가? – 화학제품 공포증의 올바른 이해
저자 비피기술거래 / 60,000

076-2 [개정판] 베지테리안 국내외 채식주의 산업 시장 보고서
저자 비피기술거래 / 120,000

077-2 [개정판] 탄소섬유 국내외 기술 및 시장동향과 업계 현황 보고서
저자 김상목 · 박기혁 / 120,000

078 일본 이화학연구소 – 리켄(RIKEN)심층연구
저자 비피기술거래 / 60,000

079 정전기 방전 기술과 시장동향 보고서
저자 비피기술거래 / 60,000

080 만화 – 박사장의 집단토론면접가이드
저자 김상목 · 비피기술거래 / 30,000

081-1 [개정판] 반도체 멤스프로브카드의 최신 기술 및 시장 동향보고서
저자 비피기술거래 / 60,000

082 융합기술이 답이다 – 일본과 우리나라의 기술융합정책
저자 비피기술거래 / 60,000

083 대학교수 고위공무원의 1년연수(안식년, sabbatical) 잘 다녀오는 법
저자 박기혁 · 이인성 / 30,000

084 유아용품 시장동향 보고서 – 중국 유아용품시장을 중심으로
저자 비피기술거래 / 120,000

085 누구나 이모티콘을 제작할 수 있다 – 이모티콘의 현재와 미래시장 현황과 제작 및 등록방법
저자 비피기술거래 / 60,000

086 절삭공구에 대한 유저들의 니즈 파악 및 세라믹 응용 가능 분야 연구보고서
저자 비피기술거래 / 30,000

087 만화 – 박사장의 사업툰
저자 박기혁 · 비피기술거래 / 30,000

088 로드리고 두테르테의 명과 암 그리고 도널드트럼프
저자 비피기술거래 / 60,000

089 쾌남 이재명, 그는 누구인가? (20191121 절판)
저자 김상목 / 30,000

090-2 [개정판] 블록체인 산업 지도를 바꾼다
저자 비피기술거래 / 60,000

091 스퍼터(Sputter) 및 스퍼터링(Sputtering) 관련 산업 및 기업 시장 조사 보고서
저자 비피기술거래 / 60,000

092 자율주행자동차 시대를 위한 법적인 과제와 준비
저자 권영실 / 60,000

093-2 [개정판] 자율주행자동차 인공지능 보고서
저자 비피기술거래 / 60,000

094 삼일만에책한권쓰기프로젝트
저자 박기혁 / 30,000

095 헬시 클린턴,무대에서다 – 反트럼프의 비상구
저자 비피기술거래 / 30,000

~~096 문재인 정부의 과학기술정책~~
~~저자 비피기술거래 / 60,000~~

097 일상 생활에서 사용하는 전기차 이야기 – 전기차의 매력
저자 안규찬 · 이봉걸 / 60,000

098 만화 – 평범한 회사나 개인도 절대로 망하지 않게 하는 특급 B급 전략
저자 비피기술거래 / 30,000

099 만화로 읽는 학교에서 배우지 않는 것들 – 어른이 되기 위한 인생필수 교과서
저자 김상목 · 비피기술거래 / 30,000

100 문재인 정부의 부동산 정책 분석
저자 박기혁 · 변한수 · 비피기술거래 / 60,000

101 알고 싶은 철도산업 이야기
저자 비피기술거래 / 60,000

102 사이버 섹스 산업
저자 비피기술거래 / 30,000

103 동호인 테니스를 끝내 이기기 위한 살인병기: 결정발리, 서브, 스매싱
저자 박기혁 / 25,000

104 동호인 테니스, 심리학과 심리전으로 무장하면 백전백승
저자 박기혁 / 25,000

105 4차산업과 마이스(MICE) 컨벤션 산업의 발전
저자 박기혁 · 송승룡 · 비피국제회의기획 / 30,000

106 건강한 피를 만들기 위한 섭취법
저자 비피기술거래 / 30,000

107 만화로 읽는 3일만에 책한권쓰기 프로젝트
저자 박기혁, 그림 비피기술거래 / 30,000

108 미생 몸매 소유자가 들려주는 완생 다이어트
저자 박기혁 / 30,000

109 메모의 마법 – 책이 술술술 써지는 메모 습관
저자 박기혁 / 30,000

110 노벨 두드림: 이 책 읽고 노벨상 받자 〈노벨평화상〉
편집 비피기술거래 / 30,000

111 노벨 두드림: 이 책 읽고 노벨상 받자 〈노벨문학상〉
편집 비피기술거래 / 30,000

112 노벨 두드림: 이 책 읽고 노벨상 받자 〈노벨물리학상 1〉
편집 비피기술거래 / 30,000

113 노벨 두드림: 이 책 읽고 노벨상 받자 〈노벨물리학상 2〉
편집 비피기술거래 / 30,000

114 노벨 두드림: 이 책 읽고 노벨상 받자 〈노벨화학상 1〉
편집 비피기술거래 / 30,000

115 노벨 두드림: 이 책 읽고 노벨상 받자 〈노벨생리의학상 1〉
편집 비피기술거래 / 30,000

116 노벨 두드림: 이 책 읽고 노벨상 받자 〈노벨화학상 2〉
편집 비피기술거래 / 30,000

117 노벨 두드림: 이 책 읽고 노벨상 받자 〈노벨생리의학상 2〉
편집 비피기술거래 / 30,000

118 노벨 두드림: 이 책 읽고 노벨상 받자 〈노벨경제학상 2〉
편집 비피기술거래 / 30,000

119 후미진 곳의 매출부진 카페에 손님이 들게 하는 마법-카피스 카페 설립하기
저자 박기혁 · 송승룡 · 비피기술거래 / 30,000

120 현직 카페 주인 100명이 말하는 카페 커피숍 무조건 망하니까 절대 하지마라
저자 박기혁 · 송승룡 · 비피기술거래 / 30,000

121 현직 카페 사장 100인이 말하는 성공하는 서점겸 카페 차리기
저자 박기혁 · 송승룡 · 비피기술거래 / 30,000

122 현직 카페 사장 100인이 말하는 커피숍 바리스타
저자 박기혁 · 송승룡 · 비피기술거래 / 30,000

123-2 [개정판] 미래산업시리즈 – 3D 스캐닝 산업
저자 비피기술거래 / 60,000

124 124.성공하는 카페는 이렇게 일한다
저자 비피기술거래 / 30,000

125-2 [개정판] 드론 그것이 궁금하다
저자 비피기술거래 / 60,000

126 냉면으로 대박나는 요식업 창업전략 (20180430 절판)
저자 비피기술거래 / 60,000

127 위조 방지 기술
저자 비피기술거래 / 60,000

128-2 [개정판] 뉴로모픽 그것이 궁금하다
저자 비피기술거래 / 60,000

129-1 [개정판] 4차 산업혁명의 기회 – 누구나 뉴칼라가 될 수 있다
저자 비피기술거래 / 60,000

130 산전수전 다겪은 선배가 알려주는 캠퍼스 라이프 꿀팁
저자 비피기술거래 / 30,000

131 하루만에 끝내는 전자회로 개론
저자 비피기술거래 / 30,000

132 휴대폰 호갱 탈출기 (20180330 절판)
저자 비피기술거래 / 30,000

133 소비자를 사로잡는 특별한 10퍼센트: 스페셜티 카페의 모든것
저자 비피기술거래 / 30,000

134 원소의 탄생일지1: 주기율표song
저자 비피기술거래 / 60,000

135 4차 산업혁명 파생산업 시리즈: PID 센서
저자 비피기술거래 / 60,000

136 에코-프렌들리 비즈니스의 첫걸음: 난 돈 벌면서 커피 찌꺼기 버린다
저자 비피기술거래 / 30,000

137 4차 산업혁명 파생산업 시리즈: 에너지 절약형 유리
저자 비피기술거래 / 60,000

138 21세기 팥빙수 백서 (20180531 절판)
저자 비피기술거래 / 30,000

139 온 국민이 즐기는 응원제
저자 비피기술거래 / 30,000

140 전 세계에 파란을 예고한 물 부족_인쇄용
저자 비피기술거래 / 30,000

141-1 [개정판] 똑똑한 AI를 만드는 작은 차이, 머신러닝과 딥러닝
저자 비피기술거래 / 60,000

142 4차 산업혁명 파생산업 시리즈: 저온 동시 소성 세라믹스
저자 비피기술거래 / 60,000

143 원소의탄생일지2: 전이금속
저자 비피기술거래 / 30,000

144 원소의탄생일지3: 세계자원확보전쟁의 주인공 희토류
저자 비피기술거래 / 30,000

~~145 천원이면 누구나 할 수 있는 복권 재테크 – 로또복권~~
~~저자 비피기술거래 / 30,000~~

146 폭락장 속의 생존기술: 가상화폐의 기초 이해하기
저자 비피기술거래 / 30,000

147 한권으로 끝내는 텐서플로, AI 머신러닝 개발하기
저자 비피기술거래 / 30,000

148 4차 산업혁명 파생산업 시리즈: 주문형 반도체 산업
저자 비피기술거래 / 60,000

~~149 Why(Y)세대 트렌드; 털(毛)털(毛)한 남자_최종~~
~~저자 비피기술거래 / 30,000~~

150 1퍼센트를 위한 한국과 중국의 도자기 산업백서
저자 비피기술거래 / 30,000

151-1 [개정판] 4차 산업혁명 파생 기술 시리즈; 스마트 그리드와 사물인터넷, 빅데이터의 이해
저자 비피기술거래 / 60,000

152 나는 비트코인 말고 미생물에 투자하기로 결심했다; 떠오르는 에코 프랜들리 비즈니스
저자 비피기술거래 / 60,000

153 주(住)목하라,삶의 공간에 관한 디자인과 인테리어
저자 비피기술거래 / 30,000

154-1 [개정판] 4차 산업혁명 파생 산업 시리즈: ICT 서비스 산업
저자 비피기술거래 / 60,000

155 알기 쉬운 암호 기술 변천사; 고전기술에서 비트 코인까지
저자 비피기술거래 / 60,000

~~156 청춘의 연애심리학: 올해는 반드시 연애 많이 하는 남자가 되자~~
~~저자 비피기술거래 / 30,000~~

157 한권으로 끝내는 전기공학 개론
저자 비피기술거래 / 60,000

158 4차 산업혁명 파생 기술 시리즈; 반도체 공정 중 다공성 회전 바이스 산업 분석
저자 비피기술거래 / 60,000

159 한권으로 끝내는 블록체인 원천 기술: 현대의 암호학
저자 비피기술거래 / 60,000

160 4차산업혁명 파생기술 시리즈: 수소에너지 제조 기술
저자 비피기술거래 / 60,000

161 당신도 할 수 있다 청춘 재테크; 자취방부터 주택 청약까지
저자 서울대OB주식연구회 / 30,000

~~162 캠핑 마스터, 오감으로 즐기는 365일 캠핑~~
~~편집 비피엔터컨텐츠연구소 / 30,000~~

163 4차산업혁명 파생기술 시리즈: 에너지 저장 기술 (ESS) (20190425 절판)
저자 비피기술거래 / 60,000

164 제4차 산업혁명의 꽃 전장사업: 왜 삼성은 전장사업에 목숨을 걸까
저자 비피기술거래 / 60,000

165 PD, 작가들이 즐겨보는 방송소재집; 요식업 창업 전략 '냉면' 편
편집 비피엔터컨텐츠연구소 / 30,000

166 청춘 산업 보고서; PD, 드라마 작가, 소설가들이 꼭 봐야할 참신한 이야기
편집 비피엔터컨텐츠연구소 / 30,000

167-1 [개정판] 4차 산업혁명 벨류체인 및 ICT 산업 전략 분석
저자 비피기술거래 / 60,000

168 잘 나가는 BJ 들의 비밀 코드; 1인 미디어 플랫폼 시장 산업 분석
편집 비피엔터컨텐츠연구소 / 30,000

169 동호인 테니스, 고수가 되는 법은 손목에 있다
저자 박기혁 / 25,000

170 인터넷쇼핑 싸게 잘하는 핵꿀팁
편집 비피엔터컨텐츠연구소 · 조아영 / 30,000

171 떠오르는 태양 E-SPORTS
편집 비피엔터컨텐츠연구소 / 30,000

172 인공지능 시대에 대비한 지방대생 성공전략
저자 김송호 / 30,000

173-1 [개정판] 주식투자자들이 꼭 알아야 할 인공지능 트렌드와 주요기업 현황
저자 비피기술거래 · 한상훈 / 60,000

174-1 [개정판] 인슈어테크 산업전망 및 발전전략 보고서
저자 비피기술거래 / 60,000

175-1 가상현실, 증강현실 산업 분석
저자 비피기술거래 / 60,000
보고서

176 연수 첫 날 나눠주는 다른 회사 메뉴얼 훔쳐보기
저자 박기혁 · 비피기술거래 / 30,000

177 세계 환경과 관련한 사건, 사고 분석 보고서
저자 비피기술거래 / 30,000

178 4차 산업혁명을 현명하게 헤쳐나갈 유아교사를 위한 안내서
저자 비피교육연구소 / 30,000

179-1 [개정판] 4차 산업혁명 시대의 바이오 산업 분석 보고서
저자 비피기술거래 / 60,000

180 잘 팔리는 책을 빨리 쓰는 방법; 커피타임즈 글쓰기 책내기 센터 전략서
저자 비피기술거래 / 30,000

181 미생 몸매 소유자가 들려주는 완생 다이어트 (한국어,베트남어)
저자 비피기술거래 / 30,000

182-1 [개정판] 정부도 인정한 4차 산업의 핵심, GAME 산업의 1 to 100
저자 비피기술거래 / 60,000

183 경력단절 여성들이여 친정오빠 말대로 글쓰고 책내서 돈도 벌렴
저자 비피기술거래 / 25,000

184 4차 산업혁명 시대의 로봇 백서; 로봇 기술의 모든 것
저자 비피기술거래 / 30,000

185 디스플레이 전쟁
저자 비피기술거래 / 60,000

186 베트남에서 사업하고 싶은 사람을 위한 베트남 정보 개론
저자 비피기술거래 / 30,000

187 현직카페 사장 100인이 말하는 카페손님으로서의 공부족 연구
저자 비피기술거래 / 30,000

188 O2O 전쟁터 4차 산업혁명 시대의 숙박산업 보고서
저자 비피기술거래 / 60,000

189 리스닝 완벽하게 하기; 말하는 사람의 단어 하나하나를 충실히 듣기와 새기기
저자 비피기술거래 / 30,000

190-1 [개정판] 인공지능 기술과 콘텐츠 전쟁의 현주소; 최신 기술 및 유망산업 백서
저자 비피기술거래 / 60,000

191 정부도 인정한 4차 산업의 핵심, GAME 산업의 1 to 100 (한국어베트남어)
저자 비피기술거래 / 60,000

192 마음의 힐링, 인생 사업의 혁신을 위해 알래스카를 다녀와야 할 45가지 이유
저자 비피기술거래 / 30,000

193-1 [개정판] 백세시대를 준비하는 헬스케어 산업의 동향과 전망
저자 비피기술거래 / 60,000

194 마이크로웨이브 건조기술 백서
저자 비피기술거래 / 60,000

195 인도에서 사업하고 싶은 사람을 위한 인도 정보 개론
저자 비피기술거래 · 박기혁 공저 / 30,000

196 현장의 유아교사를 위한 유아 교육프로그램
저자 비피교육연구소 / 30,000

197 화장품 사업 개론
저자 비피기술거래 / 30,000

198-1 [개정판] 4차 산업혁명의 핵심; 에너지 신기술 보고서
저자 비피기술거래 · 한상훈 / 60,000

199 4차 산업과 마이스(MICE) 컨벤션 산업의 발전 (한국어,베트남어)
저자 비피기술거래 / 30,000

200 혼자 영화 보기의 46가지 장점과 소확행 이야기
저자 비피기술거래 / 30,000

201-1 [개정판] 이너뷰티와 4차 산업혁명의 만남; 건강기능식품 산업 보고서
저자 비피기술거래 / 60,000

202 MIT 10대 유망 기술과 유관 산업 분석
저자 비피기술거래 / 30,000

203 동호인 테니스, 배드민턴처럼 치면 금방 고수가 된다
저자 박기혁 / 25,000

204 PD, 작가들이 즐겨보는 방송소재집;청춘이 열광하는 음악에 대한 이야기
저자 비피엔터컨텐츠연구소 / 30,000

205 카페 커피숍 무조건 망하니까 절대 하지마라 (베트남어)
저자 비피베트남어연구회 / 30,000

206 모으고, 절약하고, 불리는 재테크의 모든 것
저자 서울공대OB주식연구회 / 30,000

207 누구나 쉽게 무료로 저자가 될 수 있다
저자 비피생활문화연구소 / 30,000

208 작지만 강한 카페로 살아남는 법; 책 저자를 무료로 만들어 주는 카페
저자 비피생활문화연구소 / 30,000

209-1 [개정판] 4차 산업시대의 스마트 가전
저자 비피기술거래 / 60,000

210 베트남인 생활 관찰 정보를 통한 유망 사업 수요 분야 정리
저자 비피기술거래 / 30,000

211 좋은 수업을 꿈꾸는 유아교사를 위한 발문 안내서
저자 비피교육연구소 / 30,000

212 중미 무역 전쟁; 뉴패러다임의 도래와 우리의 과제
저자 비피기술거래 / 30,000

213-1 [개정판] 5G 시대의 도래와 정보 보안
저자 비피기술거래 / 60,000

214-1 [개정판] 4차 산업혁명 시대의 교육 산업의 변화
저자 비피교육연구소 / 30,000

215-1 [개정판] 4차 산업혁명과 힐링산업 코드
저자 비피기술거래 / 30,000

216-1 [개정판] 4차 산업혁명 시대의 무인산업 안내서
저자 비피기술거래 / 60,000

217 작은 카페 차려서 망하지 않으려면 카페와 출판사를 같이 차려라
저자 비피기술거래 / 30,000

218 잘 팔리는 책을 빨리 쓰는 방법; 커피타임즈 글쓰기 책내기 센터_베트남어
저자 비피베트남어연구회 / 30,000

219 4차 산업혁명과 공유 경제; 공유 플랫폼 전략
저자 비피기술거래 / 30,000

220 작은 카페 창업은 셀프 카페, 스터디 카페, 무인 카페로 손해를 줄여라
저자 비피생활문화연구소 / 30,000

221 독후감으로 읽는 대학생이라면 꼭 읽어야 할 필독도서
저자 비피교육연구소 / 30,000

222 비평문으로 읽는 대학생이라면 꼭 읽어야 할 필독도서
저자 비피교육연구소 / 30,000

223 산업 트렌드로 꿰뚫는 창업전략; 코인노래방
저자 비피생활문화연구소 / 30,000

224 한반도 폭염을 정책과 사업, 소확행 관점에서 심상치 않게 볼 57가지 이유
저자 비피기술거래 / 30,000

225 4차 산업혁명시대의 자율주행 자동차 산업백서
저자 비피기술거래 / 60,000

226 3일 만에 책 한 권 쓰기 프로젝트 (베트남어)
저자 비피베트남어연구회 / 30,000

227 미술활동을 좋아하는 유아교사를 위한 아동미술심리 입문하기
저자 비피교육연구소 / 30,000

228 새벽 지하철이 부와 건강을 가져다주는 26가지 이유; 소확행과 글쓰기
저자 비피생활문화연구소 / 30,000

229 창업 대비 필수 마케팅 전략 보고서
저자 비피기술거래 / 30,000

230 PD, 작가들이 즐겨보는 방송소재집; 글쓰기로 우울증 극복하는 방법
저자 비피기술거래 / 30,000

231 하루만에 끝내는 전자회로 개론
저자 비피생활문화연구소 / 30,000

232 누구나 쉽게 무료로 저자가 될 수 있다 (베트남어)
저자 비피베트남어연구회 / 30,000

233 PD, 작가들이 즐겨보는 스토리 소재집; 치과의사와 치과병원편
저자 비피생활문화연구소 / 30,000

234 잘 나가는 유튜브와 책 만들기; 13가지 이유라는 식으로 제목을 잡아라
저자 비피생활문화연구소 / 30,000

235 LG화학주식 매수 전 알아야 할 용어와 이슈 54가지
저자 서울공대OB주식연구회 / 30,000

236 작지만 강한 카페로 살아남는 법; 책 저자를 무료로 만들어 주는 카페(베트남어)
저자 비피베트남어연구회 / 30,000

237 박항서 감독이 몰고 온 베트남 바람
저자 비피기술거래 / 30,000

238 삼성전자 주식 매수 전 알아야 할 용어와 이슈 30가지
저자 서울공대OB주식연구회 / 30,000

239 회사의 자금을 원활히 조달하는 방법; 작은 회사 대표도 할 수 있는 미니 M&A
저자 비피기술거래 / 30,000

240 해외에서 글을 쓰면 빨리 좋은 글이 써지는 59가지 이유; 소확행적 해외 글쓰기 꿀팁
저자 비피생활문화연구소 / 30,000

241 미국 방열기판 시장 동향 조사 분석
저자 비피기술거래 / 60,000

242 장사가 부진한 카페는 상담 카페로 전환해서 적자를 면하라
저자 비피생활문화연구소 / 30,000

243 해외에서 유튜브 아이디어를 구상하면 좋은 63가지 이유; 유튜브 시장 성공전략 1
저자 비피생활문화연구소 / 30,000

244 잘 나가는 웹툰 만들기; 13가지 이유라는 식으로 제목을 잡아라
저자 비피생활문화연구소 / 30,000

245 예술의 17가지 속성을 이해해야 1인 미디어로 돈 번다; 유튜브 시장 성공전략 2
저자 비피생활문화연구소 / 30,000

246 셀트리온 3형제 주식 매수 전 알아야 할 이슈와 용어 34가지
저자 서울공대OB주식연구회 / 30,000

247 중국 방문 없이 중국을 빠르게 이해하는 법; 유튜브 시장 성공전략 3
저자 비피생활문화연구소 / 30,000

248 원격의료 그 논란의 속살을 파헤친다
저자 비피기술거래 / 60,000

249 4개 국어에 능통하면 유튜버와 소확행에 좋은 10가지 이유; 유튜브 시장 성공전략 4
저자 비피생활문화연구소 / 30,000

250 닌텐도 주식 투자 전 알아야 할 닌텐도의 모든 것
저자 서울공대OB주식연구회 / 30,000

251 외국어 들리는 대로 한글로 적어라; 4개 국어 하는 취준생 양성 프로젝트 1
저자 비피생활문화연구소 / 30,000

252 4개 국어 하는 고경력 은퇴자 양성 프로젝트 1; 외국어 들리는 대로 한글로 적어라
저자 비피생활문화연구소 / 30,000

253 전문가가 말하는 화장품업 진입 및 미래 생존전략; 사업자를 위한 화장품 정보 각론
저자 비피뷰티바이오사업부 / 30,000

254 미국이 중국 푸젠반도체를 제재함의 경제 정책적 의미; 주식 시장 영향 분석집 1
저자 서울공대OB주식연구회 / 30,000

255 SK텔레콤 주식 매수 전 알아야 할 용어와 이슈 41가지; 주식 시장 영향 분석집 2
저자 서울공대OB주식연구회 / 30,000

256 동진쎄미켐 주식 매수 전 알아야 할 용어와 이슈 55가지; 주식 시장 영향 분석집 3
저자 서울공대OB주식연구회 / 30,000

257 중국 푸젠반도체를 트럼프가 제재함의 산업 정책적 의미; 정책가와 테크노파크 연구원 필독서 1
저자 비피기술거래 / 30,000

258 외국어 들리는 대로 한글로 적어라; 4개 국어 하는 기업 간부 양성 프로젝트 1
저자 비피생활문화연구소 / 30,000

259 중국제조 2025; 미중 무역 전쟁의 배경과 전망
저자 비피기술거래 / 30,000

260 아디다스, 나이키 주식 매수 전 알아야 할 키워드 48가지; 주식 시장 영향 분석집 4
저자 서울공대OB주식연구회 / 30,000

261 공부의 신들이 말하는 변호사 시험 무조건 합격하는 법 1; 주관식 시험 눈으로만 보면 망한다
저자 비피생활문화연구소 / 30,000

262 신라젠 주식 매수 전 알아야 할 용어와 이슈 30가지; 주식 시장 영향 분석집 5
저자 서울공대OB주식연구회 / 30,000

263 키워드를 선점해야 돈 번다; 유튜브 시장 성공전략 5
저자 비피생활문화연구소 / 30,000

264 해외에서 글을 쓰면 빨리 좋은 글이 써지는 59가지 이유 (베트남어)
저자 비피베트남어연구회 / 30,000

265 삼성바이오로직스 주식 매수 전 알아야 할 용어와 이슈 54가지; 주식 시장 영향 분석집 6
저자 서울공대OB주식연구회 / 30,000

266 푸젠반도체를 둘러싼 미중 무역전쟁과 반도체 상식 늘리기; 취업 면접 대비집
저자 비피기술거래 / 30,000

267 탄수화물 섭취 체계적으로 줄이기; 건강하게 다이어트 하는 법 1
저자 비피생활문화연구소 / 30,000

268 주관식 시험 눈으로만 보면 망한다; 공부의 신들이 말하는 행정고시 무조건 합격하는 법 1
편집 비피엔터컨텐츠연구소 / 30,000

269 네이버 주식 매수 전 알아야 할 키워드 39가지; 주식 시장 영향 분석집 7
저자 서울공대OB주식연구회 / 30,000

270 책 읽어주는 유튜브; 유튜브 시장 성공전략 6
저자 비피생활문화연구소 / 30,000

271 게임 관련 기업 주식 매수 전 알아야 할 용어와 이슈 31가지; 주식 시장 영향 분석집 8
저자 서울공대OB주식연구회 / 30,000

272 한미약품 주식 매수 전 알아야 할 용어와 이슈 56가지; 주식 시장 영향 분석집 9
저자 서울공대OB주식연구회 / 30,000

273 미디어 플랫폼 기업 주식 매수 전 알아야 할 용어와 이슈 30가지; 주식 시장 영향 분석집 10
저자 서울공대OB주식연구회 / 30,000

274 투잡 유튜버가 돼야 오래 간다; 유튜브 시장 성공전략 7
저자 비피생활문화연구소 / 30,000

275 외국어 문법 상관없이 듣고 적어라; 4개 국어 하는 유튜버 양성 프로젝트 1
저자 비피생활문화연구소 / 30,000

276 4차 산업혁명 시대를 뒷받침하는 핵심 소재 이야기
저자 비피기술거래 / 60,000

277 외국어 2음절씩 리듬 타고 들어라; 4개 국어 하는 유튜버 양성 프로젝트 2
저자 비피생활문화연구소 / 30,000

278 대웅제약 주식 매수 전 알아야 할 용어와 이슈 58가지; 주식 시장 영향 분석집 11
저자 서울공대OB주식연구회 / 30,000

279 장기적 불황을 타개하고 산업을 선도할 수출 효자 종목 및 국내 유망 신산업 11가지
저자 비피기술거래 / 30,000

280 역량의 10프로만 유튜브에 투자하라; 출판사에서 유튜브 회사로의 전환 전략 1
저자 비피생활문화연구소 / 30,000

281 베스트 요약으로 제목과 타겟을 정하라; 출판사에서 유튜브 회사로의 전환 전략 2
저자 비피생활문화연구소 / 30,000

282 GC녹십자 주식 매수 전 알아야 할 용어와 이슈 62가지; 주식 시장 영향 분석집 12
저자 서울공대OB주식연구회 / 30,000

283 카카오뱅크 모임통장이 대박 난 이유; 주식 시장 영향 분석집 13
저자 서울공대OB주식연구회 / 30,000

284 한국전력 주식 매수 전 알아야 할 용어와 이슈; 주식 시장 영향 분석집 14
저자 서울공대OB주식연구회 / 30,000

285 화학회사들이 올인하는 TIM과 엘라스토머 등 전기차 방열문제 트렌드; 주식 시장 영향 분석집 15
저자 서울공대OB주식연구회 / 30,000

286 일동제약 주식 매수 전 알아야 할 용어와 이슈 49가지; 주식 시장 영향 분석집 16
저자 서울공대OB주식연구회 / 30,000

287 유한양행 주식 매수 전 알아야 할 용어와 이슈 48가지; 주식 시장 영향 분석집 17
저자 서울공대OB주식연구회 / 30,000

288 전자책 이북과 유튜브를 같이 하라; 출판사에서 유튜브 회사로의 전환 전략 3
저자 비피생활문화연구소 / 30,000

289 종근당 주식 매수 전 알아야 할 용어와 이슈 52가지; 주식 시장 영향 분석집 18
저자 서울공대OB주식연구회 / 30,000

290 한 권으로 살펴보는 에너지저장시스템 (ESS)
저자 비피기술거래 / 60,000

291 의미 부여로 단어를 외우고 눈으로 받아쓰라_ 4개 국어 하는 유튜버 양성 프로젝트 3
저자 비피생활문화연구소 / 30,000

292 현대자동차 주식 매수 전 알아야 할 용어와 이슈_ 주식 시장 영향 분석집 19
저자 서울공대OB주식연구회 / 30,000

293 에너지저장시스템(ESS)과 관련한 최신 이슈 26가지
저자 비피기술거래 / 60,000

294 사회복지직공무원 시험 마약 암기법
저자 비피공무원시험연구소 / 30,000

295 JW중외제약의 핫 키워드와 이슈 모르면 주식 대박 힘들다
저자 서울공대OB주식연구회 / 30,000

296 9급 일반행정직 시험 모르면 나만 떨어지는 마약 암기법
저자 비피공무원시험연구소 / 30,000

297 9급 일반행정직 마약 암기에 따른 문제풀이법
저자 비피공무원시험연구소 / 30,000

298 반도체주의 핫 키워드와 이슈 모르면 주식 대박 힘들다_ SK하이닉스 편
저자 서울공대OB주식연구회 / 30,000

299 자율주행 자동차주의 핫 키워드와 이슈 모르면 주식 대박 힘들다_ 현대모비스 편
저자 서울공대OB주식연구회 / 30,000

300 7급 일반행정직 공무원시험 모르면 나만 떨어지는 마약 암기법
저자 비피공무원시험연구소 / 30,000

301 JLPT N4,N5 단어 기독교 신앙심으로 초스피드 외우기
저자 비피일본어연구회 / 19,500

302 최단시간으로 중국어 HSK 2~4급 획득하는 법
저자 비피중국어연구회 / 19,500

303 1인 미디어플랫폼주의 핫 키워드와 이슈 모르면 주식 대박 힘들다
저자 서울공대OB주식연구회 / 19,500

304 5G 빅사이클 시작, 이동통신 3사의 핫 키워드와 이슈 모르면 주식 대박 힘들다
저자 서울공대OB주식연구회 / 19,500

305 5G 최대수혜주, 통신장비업종 3사의 핫 키워드와 이슈 모르면 주식 대박 힘들다
저자 서울공대OB주식연구회 / 19,500

306 기출로 보는 임상심리사 2급 필기_ 최단 시간 마약 암기 문제풀이법
저자 최단시간임상심리사연구회 / 19,500

307 전교 20등을 전교 5등으로 만드는 문제풀이법
저자 전교5등클리닉 / 19,500

308 5G 최대수혜주, 5G폰 부품업체 4사의 핫 키워드와 이슈 모르면 주식 대박 힘들다
저자 서울공대OB주식연구회 / 19,500

309 핀테크 관련 최대수혜주의 핫 키워드와 이슈 모르면 주식 대박 힘들다
저자 서울공대OB주식연구회 / 19,500

310 9급 법원직 공무원시험 모르면 나만 떨어지는 마약 암기법
저자 최단시간공무원시험연구소 / 19,500

311 주택관리사 민법총칙 직장 다니며 공부하는 노하우와 최단시간 문제풀이법
저자 최단시간주택관리사시험연구소 / 19,500

312 신라젠 회사 취업을 위해 꼭 알아야 할 용어와 이슈
저자 비피기술거래 / 19,500

313 7급 공무원 행정법 암기 노하우와 최단시간 문제풀이법
저자 최단시간공무원시험연구소 / 19,500

314 불황없는 엔젤산업 최대수혜주 핫 키워드와 이슈 모르면 주식 대박 힘들다
저자 비피기술거래 / 19,500

315 9급 공무원 행정학 암기 노하우와 최단시간 기출문제풀이법
저자 최단시간공무원시험연구소 / 19,500

316-1 [개정판] 삼성바이오로직스 취업을 위해 꼭 알아야 할 용어와 이슈
저자 비피기술거래 / 19,500

317 9급 공무원 행정학 모르면 나만 떨어지는 핵심 키워드 (인사편)
저자 최단시간공무원시험연구소 / 19,500

318 SK텔레콤 취업을 위해 꼭 알아야 할 용어와 이슈
저자 비피기술거래 / 19,500

319 토익 LC 고득점을 위해 헷갈리는 부분 정복하기_ 영국 호주식 발음
저자 최단시간토익시험연구소 / 19,500

320 공부의 신들이 말하는 변리사 시험 무조건 합격하는 법_ 주관식 시험 눈으로만 보면 망한다
저자 최단시간변리사시험연구소 / 19,500

321 4차 산업혁명의 핵심 스마트시티 최대 수혜주 핫 키워드와 이슈 모르면 주식 대박 힘들다
저자 서울공대OB주식연구회 / 19,500

322 대웅제약 취업을 위해 꼭 알아야 할 용어와 이슈
저자 비피기술거래 / 19,500

323 블록체인 플랫폼 최대수혜주 4대 기업과 핵심이슈 모르면 주식 대박 힘들다
저자 서울공대OB주식연구회 / 19,500

324 GC녹십자 취업을 위해 꼭 알아야 할 용어와 이슈
저자 비피기술거래 / 19,500

325 9급 법원직 공무원시험 민법총칙 직장 다니며 공부하는 노하우와 최단시간 문제풀이법
저자 최단시간공무원시험연구소 / 19,500

326 5G 시대 IOT 최대 수혜주 3대 기업과 핵심이슈 모르면 주식 대박 힘들다
저자 서울공대OB주식연구회 / 19,500

327 한국전력 취업을 위해 꼭 알아야 할 용어와 이슈
저자 비피기술거래 / 19,500

328 5급 공무원 2차 주관식시험 반드시 합격한다_ 서브노트 과연 필요한가
저자 최단시간공무원시험연구소 / 19,500

329 핀테크(FinTech)관련 산업 전망과 핵심기업 핫이슈
저자 비피기술거래 / 19,500

330 수능 일본어 한글 활용 단어장과 최단시간 암기법
저자 최단시간일본어연구회 / 19,500

331 유한양행 취업을 위해 꼭 알아야 할 용어와 이슈
저자 비피기술거래 / 19,500

332 미중 무역전쟁 최대수혜주 5대 기업과 핫이슈 모르면 주식 대박 힘들다
저자 서울공대OB주식연구회 / 19,500

333 종근당 취업을 위해 꼭 알아야 할 용어와 이슈
저자 비피기술거래 / 19,500

334 최단시간에 수능 이과 수학 풀려면 3단계법으로 하라
저자 최단시간수능시험연구회 / 19,500

335 현대자동차 취업을 위해 꼭 알아야 할 용어와 이슈
저자 비피기술거래 / 19,500

336 SK하이닉스 취업을 위해 꼭 알아야 할 용어와 이슈
저자 비피기술거래 / 19,500

337 교육서비스 관련 5대 기업과 핵심이슈 모르면 주식 대박 힘들다
저자 서울공대OB주식연구회 / 19,500

338 현대모비스 취업을 위해 꼭 알아야 할 용어와 이슈
저자 비피기술거래 / 19,500

339 4차 산업혁명 핵심분야 핫 키워드와 이슈 모르면 주식 대박 힘들다
저자 서울공대OB주식연구회 / 19,500

340 법원행시 주관식 시험 표출해야 합격한다_ 민법 점수 올리는 꿀팁
저자 최단시간법원행시연구회 / 19,500

341 4차 산업혁명 바이오, 에너지 분야 핫이슈 모르면 주식 대박 힘들다
저자 서울공대OB주식연구회 / 19,500

342 스마트팩토리 최대수혜주 2대 기업과 핫이슈 모르면 주식 대박 힘들다
저자 서울공대OB주식연구회 / 19,500

343 1인 미디어플랫폼 회사 취업을 위해 꼭 알아야 할 용어와 이슈
저자 비피기술거래 / 19,500

344 5G시대 이동통신 회사 취업을 위해 꼭 알아야 할 용어와 이슈
저자 비피기술거래 / 19,500

345 세무사 2차 시험 무조건 합격하는 법_ 눈으로만 보면 주관식 시험은 망한다
저자 최단시간세무사시험연구회 / 19,500

346 5G시대 미디어 콘텐츠 산업 핫 키워드와 이슈 모르면 주식 대박 힘들다
저자 서울공대OB주식연구회 / 19,500

347 보험계리사 2차 필수합격을 위한 공부법과 서브노트의 필요성
저자 최단시간보험계리사연구소 / 19,500

348 5G시대 통신장비업종 취업을 위해 꼭 알아야 할 용어와 이슈
저자 비피기술거래 / 19,500

349 최단시간에 주택관리사 회계원리 개념과 문제풀이 쉽게 정복하는 법
저자 최단시간주택관리사연구소 / 19,500

350 5G폰 부품업체 취업을 위해 꼭 알아야 할 용어와 이슈
저자 비피기술거래 / 19,500

351 日 반도체소재 수출규제에 따른 최대수혜주와 이슈 모르면 주식 대박 힘들다
저자 서울공대OB주식연구회 / 19,500

352 최단시간에 전산회계 1급 이론과 개념 정복하기
저자 최단시간전산회계연구회 / 19,500

353 5G시대 게임 산업 핫 키워드와 이슈 모르면 주식 대박 힘들다
저자 서울공대OB주식연구회 / 19,500

354 핀테크 관련 기업 취업을 위해 꼭 알아야 할 용어와 이슈
저자 비피기술거래 / 19,500

355 사회초년생을 위한 자산관리 필독서
저자 비피기술거래 / 19,500

356 엔젤산업 관련 기업 취업을 위해 꼭 알아야 할 용어와 이슈
저자 비피기술거래 / 19,500

357 스마트시티 관련 기업 취업을 위해 꼭 알아야 할 용어와 이슈
저자 비피기술거래 / 19,500

358 블록체인 플랫폼 기업 취업을 위해 꼭 알아야 할 용어와 이슈
저자 비피기술거래 / 19,500

359 IOT 관련 기업 취업을 위해 꼭 알아야 할 용어와 이슈
저자 비피기술거래 / 19,500

360 교육서비스 관련 기업 취업을 위해 꼭 알아야 할 용어와 이슈
저자 비피기술거래 / 19,500

361 4차 산업혁명 핵심분야 취업을 위해 꼭 알아야 할 용어와 이슈
저자 비피기술거래 / 19,500

362 4차 산업혁명 바이오, 에너지 분야 취업을 위해 꼭 알아야 할 용어와 이슈
저자 비피기술거래 / 19,500

363 스마트팩토리 관련 기업 취업을 위해 꼭 알아야 할 용어와 이슈
저자 비피기술거래 / 19,500

364 미디어, 콘텐츠 관련 기업 취업을 위해 꼭 알아야 할 용어와 이슈
저자 비피기술거래 / 19,500

365 경영지도사 2차 나만의 주관식 문제집을 만들어야 반드시 합격한다
저자 최단시간경영지도사연구회 / 19,500

366 제약 바이오 산업 최대수혜주 5개 기업과 이슈 모르면 주식 대박 힘들다
저자 서울공대OB주식연구회 / 19,500

367 아프리카 돼지열병 관련 7개 기업과 이슈 모르면 주식 대박 힘들다_
저자 서울공대OB주식연구회 / 19,500

368 日반도체소재 수출규제로 떠오르는 기업 취업을 위해 꼭 알아야 할 용어와 이슈
저자 비피기술거래 / 19,500

369 게임 산업 관련 기업 취업을 위해 꼭 알아야 할 용어와 이슈
저자 비피기술거래 / 19,500

370 공인중개사 남들보다 하루라도 먼저 붙는 방법
저자 최단시간공인중개사연구회 / 19,500

371 네이버 취업을 위해 꼭 알아야 할 용어와 이슈
저자 비피기술거래 / 19,500

372 폴더블 스마트폰 시대 최대수혜주 5개 기업과 이슈 모르면 주식 대박 힘들다
저자 서울공대OB주식연구회 / 19,500

373 사회조사분석사 2급 필답형 핵심키워드 간단하게 외워 합격하기
저자 최단시간사조사연구회 / 19,500

374 제약 바이오 산업 관련 기업 취업을 위해 꼭 알아야 할 용어와 이슈
저자 비피기술거래 / 19,500

375 고령사회 실버산업 핫키워드와 이슈 모르면 주식 대박 힘들다
저자 서울공대OB주식연구회 / 19,500

376 개업공인중개사의 네트워크 활동을 통한 경영성과 향상방안
저자 이강복 / 23,000

377 한미약품 취업을 위해 꼭 알아야 할 용어와 이슈
저자 비피기술거래 / 19,500

378 영어 긴 문장도 듣고 말할 수 있는 직효 방법_ 유학준비생을 위한 책
저자 최단시간영어연구회 / 19,500

379 일동제약 취업을 위해 꼭 알아야 할 용어와 이슈
저자 비피기술거래 / 19,500

380 오픈뱅킹과 금융플랫폼 최대수혜주 기업과 이슈 모르면 주식 대박 힘들다
저자 서울공대OB주식연구회 / 19,500

381 행정고시 스트레스나 우울증 없이 쉽게 합격하는 법
저자 최단시간행정고시연구회 / 19,500

382 JW중외제약 취업을 위해 꼭 알아야 할 용어와 이슈
저자 비피기술거래 / 19,500

383 아프리카 돼지열병 관련 기업 취업을 위해 꼭 알아야 할 용어와 이슈
저자 비피기술거래 / 19,500

384 일본어 직청직해로 어휘의 범위를 넓혀라_ 일본 유학준비생을 위한 조언
저자 최단시간일본어연구회 / 19,500

385 투자선호국 1위 베트남 진출 최대수혜주 기업과 이슈 모르면 주식 대박 힘들다
저자 서울공대OB주식연구회 / 19,500

386 폴더블 스마트폰 관련 기업 취업을 위해 꼭 알아야 할 용어와 이슈
저자 비피기술거래 / 19,500

387 이차전지 최대수혜주 5개 기업과 이슈 모르면 주식 대박 힘들다
저자 서울공대OB주식연구회 / 19,500

388 OLED 디스플레이 최대수혜주 7개 기업과 이슈 모르면 주식 대박 힘들다
저자 서울공대OB주식연구회 / 19,500

389 고령사회 실버산업 관련 기업 취업을 위해 꼭 알아야 할 용어와 이슈
저자 비피기술거래 / 19,500

390 자동화시대 정보보안산업 최대수혜주 6개 기업과 이슈 모르면 주식 대박 힘들다
저자 서울공대OB주식연구회 / 19,500

391 신참법조인(변호사, 법무사, 행정사)이 개업 전 전문서적 읽고 정보 습득하는 법
저자 법조연구회 / 19,500

392 급변하는 새로운 금융플랫폼 관련 기업 취업을 위해 알아야 할 용어와 이슈
저자 비피기술거래 / 19,500

393 인플루언서 마케팅 관련 핫 키워드와 이슈 모르면 주식 대박 힘들다
저자 서울공대OB주식연구회 / 19,500

394 비법예문 500가지로 수능 일본어 단어 2달 안에 다 외우기
저자 최단시간일본어연구회 / 19,500

395 2020년 대세 멀티카메라 최대수혜주 5개 기업과 이슈 모르면 주식 대박 힘들다
저자 서울공대OB주식연구회 / 19,500

396 행정사 시험의 시작부터 합격 후의 모든 것 Q_A 가이드
저자 법조연구회 / 19,500

397 신참법조인(변호사, 법무사, 행정사)을 위한 바이오 분야 이슈 및 용어 필독서
저자 법조연구회 / 19,500

398 법조인(변호사, 법무사, 행정사)이 강의 할 때 실수하는 32가지 사례 분석
저자 법조연구회 / 19,500

399 법조인(변호사, 법무사, 행정사)의 영업 전략
저자 법조연구회 / 19,500

400 미세먼지 재난 최대수혜주 6개 기업과 이슈 모르면 주식 대박 힘들다
저자 서울공대OB주식연구회 / 19,500

401 어때요 재수삼수로 의대 들어가기 (20년 3월판)
저자 의대입시연구회 / 19,500

402 베트남 진출 기업 취업을 위해 꼭 알아야 할 용어와 이슈
저자 비피기술거래 / 19,500

403 발포제 산업 최대수혜주 5개 기업과 이슈 모르면 주식 대박 힘들다
저자 서울공대OB주식연구회 / 19,500

404 화장품 산업 최대수혜주 4개 기업과 이슈 모르면 주식 대박 힘들다
저자 비피기술거래 / 19,500

405 법조인이 알아야 할 요기요 같은 배달배송업의 실태와 미래성
저자 법조연구회 / 19,500

406 한한령 해제 최대수혜주 5개 기업과 이슈 모르면 주식 대박 힘들다
저자 서울공대OB주식연구회 / 19,500

407 다문화 가족이 꼭 알고 있어야 손해 보지 않는 노동법
저자 법조연구회 / 19,500

408 재수삼수로 의대가기_ 수학도 결국 외운 것만 실력을 발휘한다
저자 의대입시연구회 / 19,500

409 차세대 디스플레이 관련 기업 취업을 위해 꼭 알아야 할 용어와 이슈
저자 비피기술거래 / 19,500

410 재수삼수로 의대가기_ 수학도 결국 외운 것만 실력을 발휘한다
저자 의대입시연구회 / 19,500

411 담배소매인 지정을 준비하는 사장님들이 꼭 알고 있어야 할 담배사업법
저자 법조연구회 / 19,500

412 신종 코로나바이러스 최대수혜주 6개 기업과 이슈 모르면 주식 대박 힘들다
저자 서울공대OB주식연구회 / 19,500

413 영업이 힘든 법조인을 위한 심리 위안서_ 그래도 법조인이 제일 낫다
저자 법조연구회 / 19,500

414 정보보안산업 관련 기업 취업을 위해 꼭 알아야 할 용어와 이슈
저자 비피기술거래 / 19,500

415 에너지 산업과 이차전지 관련 기업 취업을 위해 꼭 알아야 할 용어와 이슈
저자 비피기술거래 / 19,500

416 수제초콜릿 사업과 부업에 대한 가이드
저자 경제경영연구회 / 19,500

417 멀티카메라 관련 기업 취업을 위해 꼭 알아야 할 용어와 이슈
저자 비피기술거래 / 19,500

418 트렌디 마케팅 관련 기업 취업을 위해 꼭 알아야 할 용어와 이슈
저자 비피기술거래 / 19,500

419 어설퍼도 소설책이 될 만한 이북과 웹소설 빨리 쓰기 노하우
저자 컨텐츠연구회 / 19,500

420 셰일가스(Shale Gas) 최대수혜주 5개 기업과 이슈 모르면 주식 대박 힘들다
저자 서울공대OB주식연구회 / 19,500

421 1급 발암물질 미세먼지 관련 기업 취업을 위해 꼭 알아야 할 용어와 이슈
저자 비피기술거래 / 19,500

422 MLCC 최대수혜주 5개 기업과 이슈 모르면 주식 대박 힘들다
저자 서울공대OB주식연구회 / 19,500

423 기초산업소재 발포제 관련 기업 취업을 위해 꼭 알아야 할 용어와 이슈
저자 비피기술거래 / 19,500

424 코로나19 백신 개발 최대수혜주 5개 기업과 이슈 모르면 주식 대박 힘들다
저자 서울공대OB주식연구회 / 19,500

425 K뷰티 화장품 산업 관련 기업 취업을 위해 꼭 알아야 할 용어와 이슈
저자 비피기술거래 / 19,500

426 탁구장 사업의 전망과 개업을 위한 사업계획 가이드
저자 경제경영연구회 / 19,500

427 대중 수출 회복 관련 기업 취업을 위해 꼭 알아야 할 용어와 이슈
저자 비피기술거래 / 19,500

428 동호인 테니스 승리의 절대 정신 조건_ 집중력
저자 박기혁 / 19,500

429 코로나19 확산이 반도체 산업에 미치는 영향 및 고찰
저자 비피기술거래 / 19,500

430 코로나19 관련 기업 취업을 위해 꼭 알아야 할 용어와 이슈
저자 비피기술거래 / 19,500

431 개업 세무사의 경영판단 훈련_ 거절이나 승낙하기 애매한 제안에 대한 대처법
저자 세무업연구회 / 19,500

432 금융위기, 리츠(REITs) 최대수혜주 5개 기업과 이슈 모르면 주식 대박 힘들다
저자 서울공대OB주식연구회 / 19,500

433 사용후핵연료 처리기술 연구개발 동향
저자 비피기술거래 / 60,000

434 공실 상가주를 위한 해법_ 깔세, 임시세로 공실 해소하기
저자 경제경영연구회 / 19,500

435 코로나19 확산이 정유업계에 미치는 영향 및 고찰
저자 비피기술거래 / 19,500

436 BP와 함께 하는 에너지소비효율등급표시제도 가이드
저자 비피기술거래 / 25,000

437 코로나19 백신 관련 기업 취업을 위해 꼭 알아야 할 용어와 이슈
저자 비피기술거래 / 19,500

438 BP와 함께 하는 친환경농수산물 인증 취득 가이드
저자 비피기술거래 / 25,000

439 행정사와 경영지도사를 위한 BP와 함께 인증사업으로 수익 올리기
저자 비피기술거래 / 19,500

440 BP와 함께 하는 지능형건축물 인증 취득 가이드
저자 비피기술거래 / 25,000

441 BP와 함께 하는 품질경쟁력 우수기업 인증 취득 가이드
저자 비피기술거래 / 25,000

442 BP와 함께 하는 GR마크(우수재활용제품인증마크) 취득 가이드
저자 비피기술거래 / 25,000

443 BP와 함께 하는 위생안전기준 인증 취득 가이드
저자 비피기술거래 / 25,000

444 리츠(REITs) 관련 기업 취업을 위해 꼭 알아야 할 용어와 이슈
저자 비피기술거래 / 19,500

445 행정사, 경영, 기술지도사 실무를 위한 저공해자동차 인증 취득 가이드
저자 한국기술인증협회 / 25,000

446 행정사, 경영, 기술지도사 실무를 위한 방재신기술 인증 취득 가이드
저자 한국기술인증협회 / 25,000

447 행정 정책 공무원이 알아야 할 코로나 후 사회의 변화 모습과 대책
저자 비피기술거래 / 19,500

448 행정사, 경영, 기술지도사 실무를 위한 1등급 의료기기 인증 취득 가이드
저자 한국기술인증협회 / 25,000

449 행정사, 경영, 기술지도사 실무를 위한 전통식품품질 인증 취득 가이드
저자 한국기술인증협회 / 25,000

450 학원강사와 은퇴자들이여 인증관리사로 제2의 인생을 살아라
저자 한국기술인증협회 / 19,500

451 관세사의 영업 전략_ 인증대행 세미나와 네트워크
저자 한국기술인증협회 / 19,500

452 행정사, 경영, 기술지도사 실무를 위한 웹 접근성 품질인증 취득 가이드
저자 한국기술인증협회 / 25,000

453 행정사, 경영, 기술지도사 실무를 위한 소프트웨어(프로세스)품질인증 취득 가이드
저자 한국기술인증협회 / 25,000

454 동호인 테니스 허리, 무릎 다치지 않고 오래 치게 관리하는 법
저자 박기혁 / 19,500

455 경영, 기술지도사, 행정사 실무를 위한 유기가공식품 인증 취득 가이드
저자 한국기술인증협회 / 25,000

456 4050 여성 다이어트 비법_ 음식 안 남기고 다 먹으려는 생각을 버려라
저자 비피생활문화연구소 / 19,500

457 경영, 기술지도사, 행정사 실무를 위한 농산물우수관리(GAP)인증 취득 가이드
저자 한국기술인증협회 / 25,000

458 상가 공실 임대주를 위한 코로나 후 변화한 사회에 대한 대응책
저자 비피기술거래 / 19,500

459 아무 주식이나 사도 오르던 20년 5월의 증시와 경제 의미 분석
저자 증권투자법조인클럽 / 19,500

460 경영, 기술지도사, 행정사 실무를 위한 어린이제품안전인증 취득 가이드
저자 한국기술인증협회 / 25,000

461 경영, 기술지도사, 행정사 실무를 위한 HACCP 인증 취득 가이드
저자 한국기술인증협회 / 25,000

462 화장품 사업자를 위한 포스트 코로나 시대에서 살아남는 법
저자 비피기술거래 / 19,500

463 경영, 기술지도사, 행정사 실무를 위한 환경성적표지(EPD)인증 취득 가이드
저자 한국기술인증협회 / 25,000

464 포스트 코로나 시대에 유튜버와 컨텐츠 사업자가 나아갈 길은 어디인가
저자 비피기술거래 / 19,500

465 경영, 기술지도사, 행정사 실무를 위한 LOHAS 인증 취득 가이드
저자 한국기술인증협회 / 25,000

466 포스트 코로나 시대 반도체 관련 기업 취업을 위한 용어와 이슈
저자 비피기술거래 / 19,500

467 경영지도사, 행정사 실무를 위한 녹색기업 지정제도 가이드
저자 한국기술인증협회 / 25,000

468 코로나19 이후 정유업계 기업 취업을 위한 용어와 이슈
저자 비피기술거래 / 19,500

469 기술지도사, 행정사 실무를 위한 정보보호제품 평가인증 취득 가이드
저자 한국기술인증협회 / 25,000

470 이공학엔지니어를 위한 다이어트_ 자기보상을 확실히 해줘라
저자 비피생활문화연구소 / 19,500

471 회생위원이 감수한 알기 쉬운 개인회생 · 파산
저자 변호사 김민규 · 김미현 / 19,500

472 경영지도사, 행정사 실무를 위한 환경교육프로그램 지정제도 가이드
저자 한국기술인증협회 / 25,000

473 기술지도사, 행정사 실무를 위한 녹색인증 취득 가이드
저자 한국기술인증협회 / 25,000

474 경영지도사, 행정사 실무를 위한 KS인증 취득 가이드
저자 한국기술인증협회 / 25,000

475 기술지도사, 행정사 실무를 위한 녹색건축 인증 취득 가이드
저자 한국기술인증협회 / 25,000

476 경영지도사, 행정사 실무를 위한 건축물 에너지효율등급인증 취득 가이드
저자 한국기술인증협회 / 25,000

477 기술지도사, 행정사 실무를 위한 토종가축 인정제도 가이드
저자 한국기술인증협회 / 25,000

478 경영지도사, 행정사 실무를 위한 우수물류기업 인증 취득 가이드
저자 한국기술인증협회 / 25,000

479 예비탐정(민간조사자)이 개업을 준비할 때 알아야 할 필수팁 모음집
저자 탐정업연구회 / 19,500

480 기술지도사, 행정사 실무를 위한 동물복지축산농장인증 취득 가이드
저자 한국기술인증협회 / 25,000

481 소방설비기사(기계분야) 하루라도 먼저 붙게 하는 암기책
저자 소방수험연구회 / 19,500

482 경영지도사, 행정사 실무를 위한 드론인증 취득 가이드
저자 한국기술인증협회 / 25,000

483 주택관리사 시설개론 하루라도 빨리 붙게 하는 비법책
저자 주택관리사시험연구회 / 19,500

484 기술지도사, 행정사 실무를 위한 수산물품질인증 취득 가이드
저자 한국기술인증협회 / 25,000

485 경영지도사, 행정사 실무를 위한 수산물 지리적표시제도 가이드
저자 한국기술인증협회 / 25,000

486 행정공무원, 의원보좌관이 알아야 할 이슈_ 공매도 행동주의 회사들과 니콜라 주식
저자 행정정책연구회 / 19,500

487 정책 및 지방공무원이 알아야 할 수소차와 수소경제 이야기
저자 행정정책연구회 / 19,500

488 증권투자자가 알면 좋을 포스트 코로나 시대의 삶과 백신 개발의 선두주자
저자 증권투자연구회 / 19,500

489 정책 지방공무원이 알아야 할 바이든 당선과 트럼프 패배가 가지는 의미
저자 행정정책연구회 / 19,500

490 일론머스크의 명언과 삶 그리고 약간의 프랑스어
저자 비피기술거래 / 19,500

491 동호인 테니스 공격적 결정발리의 핵_ 어깨가 들어가는 발리
저자 박기혁 / 19,500

492 맞춤형 화장품 조제관리사 교과서 술술 읽히고 암기되게 하는 책
저자 자격증수험연구회 / 19,500

493 은퇴자가 강의 스트레스 없이 완벽한 강의하는 법
저자 비피기술거래 / 19,500

494 전달력이 좋은 유튜브 강의법과 2차 수익모델 기부 받는 유튜브 이야기
저자 박강사 / 19,500

495 가솔린차에서 전기차로의 대전환과 관련한 부품회사 직원 교육법
저자 기술튜터토니 / 19,500

496 특성화고 강사 교사가 모터를 재미있게 잘 강의하는 법
저자 기술튜터토니 / 19,500

497 반도체 지식이 부족한 반도체 관련 회사 일반직원을 교육시키는 법
저자 기술튜터토니 / 19,500

498 섬유공학 패션의류 교강사가 강의를 효율적으로 재미있게 하는 법
저자 기술튜터토니 / 19,500

499 회사원이나 공무원이 행정사 1차 객관식 시험 합격하는 방법
저자 행정사시험연구회 / 19,500

500 공부시간이 부족한 기술고시 수험생을 위한 필승합격법
저자 기술고시수험연구회 / 19,500

501 셀트리온 그룹 주식 매수 전 알아야 할 용어와 이슈
저자 비피기술거래 / 19,500

502 제약 바이오산업 최대수혜주 기업과 이슈 동향 분석
저자 서울공대OB주식연구회 / 19,500

503 글로벌 친환경 정책 및 산업별 동향 분석
저자 비피기술거래 / 19,500

504 삼성전자 핫 키워드와 이슈 모르면 주식 대박 힘들다
저자 서울공대OB주식연구회 / 19,500

505 수소연료전지 시스템 구성에 필요한 BOP
저자 비피기술거래 / 60,000

506 반도체 핵심 삼성전자 취업을 위해 꼭 알아야 할 용어와 이슈
저자 비피기술거래 / 19,500

507 바이오 핵심 셀트리온 그룹 취업을 위해 꼭 알아야 할 용어와 이슈
저자 비피기술거래 / 19,500

508 IT 게임업계 임직원을 위한 다이어트_ 심리학적 전략을 세워라
저자 비피생활문화연구소 / 19,500

509 감정평가사 합격 후 해야 할 일_ 전문서적 읽기와 영업론 파악
저자 감평사실무연구회 / 19,500

510 포스트 코로나 시대에 필요한 비대면 강의법
저자 비피기술거래 / 19,500

511 행정 정책 공무원이 알면 좋을 배달배송업의 현황과 미래
저자 비피기술거래 / 19,500

512 기술 행정 정책 공무원을 위한 반도체 관련 용어와 유래
저자 비피기술거래 / 19,500

513 가스기능사 필기시험 교과서 쉽고 빠르게 읽을 수 있는 법
저자 비피기술거래 / 19,500

514 의료인이 포스트 코로나 시대를 대비하여 알아야 할 사회 트렌드
저자 비피기술거래 / 19,500

515 동호인 탁구 관절 건강 지키며 즐겁게 오래 치는 법
저자 박기혁 / 19,500

516 취업난 속 인문대 졸업생에게 작사가를 추천하는 이유와 진입 가이드
저자 비피생활문화연구소 / 19,500

517 행정 정책 공무원이 알아둘 코로나로 인한 사회 변화와 코로나 백신
저자 비피기술거래 / 19,500

518 출판업 창업자를 위한 종이책과 이북 전자책에 대한 시장 분석과 가이드
저자 비피기술거래 / 19,500

519 자동차 관련 회사 임직원이 알면 좋을 미래에너지 수소와 수소차
저자 비피기술거래 / 19,500

520 상가 임대사업주의 공실 해결법_ 간판과 임시세 적극 활용하기
저자 비피기술거래 / 19,500

521 종교지도자가 숙지하면 좋을 코로나 후 우리 삶의 변화와 고찰
저자 비피기술거래 / 19,500

522 해외 주식 투자자는 이것을 알아야 한다_ 행동주의 공매도와 사례들
저자 서울공대OB주식연구회 / 19,500

523 의료인이 강의할 때 실수하는 사례 모음 및 강의 잘하는 법
저자 비피기술거래 / 19,500

524 신참법조인이 B급 전략을 안다면 개업에 성공할 수 있다
저자 법조연구회 / 19,500

525 담배소매업 개업 및 겸업 가이드와 Q_A
저자 비피기술거래 / 19,500

526 은퇴자가 증권투자를 해야 하는 이유 제시와 조언
저자 서울공대OB주식연구회 / 19,500

527 행정사 실무를 위한 전기용품 및 생활용품 안전관리법과 제도
저자 한국기술인증협회 / 25,000

528 공인중개사시험 의욕 부족한 사람 동기부여하여 합격하는 법
저자 자격증수험연구회 / 19,500

529 행정사 실무를 위한 환경측정기기 형식승인 정도검사 제도
저자 한국기술인증협회 / 25,000

530 골프 유망주가 무기력증과 우울감을 극복하여 성과 내게 도움주는 책
저자 비피교육연구소 / 19,500

531 국가과제 평가위원 활동 능숙하게 하는 법
저자 국가과제평가연구회 / 19,500